ZUR GESCHICHTE DER NACHSTROMPROPULSION

Ein Kampf um Wirklichkeitserkenntnis in einem physikalisch-technischen Vorgang

Von

HENRICH FOCKE

Prof. Dipl.-Ing., Dr.-Ing. E. h., Bremen

Mit 30 Abbildungen und 9 Tabellen

DR. DIETRICH STEINKOPFF VERLAG

DARMSTADT 1970

ISBN-13: 978-3-7985-0310-6 ISBN-13: 978-3-642-72298-1
DOI: 10.1007/978-3-642-72298-1

Vorwort

Es kann nicht oft genug ausgesprochen werden, daß, – bei selbstverständlicher Forderung absoluter mathematischer Richtigkeit –, die Eleganz eines Formelsystems für den Physiker, wie auch den Ingenieur garnichts, seine leichte und sichere Anwendbarkeit einiges, aber nicht Entscheidendes, die größte Annäherung des Ergebnisses an die Wirklichkeit des zu behandelnden Vorganges alles bedeutet. Für den Mathematiker besteht stets die große Versuchung, durch Vernachlässigungen von Einflüssen der Wirklichkeit die Eleganz des mathematischen Ablaufes zu steigern. Damit wächst aber die Gefahr, sich von der Wirklichkeit weiter zu entfernen. Jede nicht in der Wirklichkeit bestätigte wissenschaftliche Theorie ist eine Hypothese, vielleicht eine wertvolle Arbeitshypothese zur Ergründung wirklichen Geschehens nach den unerbittlichen Naturgesetzen. *Wahrheit der Wirklichkeit wird stets aber erst erhärtet durch das Experiment, die Befragung der Natur.* Seit den Zeiten GALILEIS, ja schon LEONARDO DA VINCIS, sollte diese Grundlehre nie vergessen worden sein. Leider aber wird sie manchmal noch heute vergessen.

Man findet manche hochwertige, brillante Köpfe, die die schwierigsten Gedankengänge *einer* Richtung mit größter Schärfe zu verfolgen wissen, unermüdlich fortschreitend, mit Energie geladen und mit eisener Konsequenz. Sie bringen viele hervorragende Resultate. Leicht ereignet es sich aber dabei, daß ein zunächst unübersteigbar scheinendes Hindernis auftaucht und die entschlossensten Naturen erlahmen läßt.

Selbst diese großen Geister können über ein Steinchen stolpern, das auf dem Wege liegt, sie können einem zufälligen Versehen erliegen, und ihr Aufbauwerk schweren Schaden leiden.

Es kann aber auch bei einem sichtlich völlig konsequent fortschreitenden Verlauf einer Untersuchung unbemerkt der Kontakt mit der Wirklichkeit des betrachteten Vorganges verloren gehen. Folgendes Geschehen in einem Spezialfall der Strömungslehre ist, kaum begreiflich, ein Beispiel dafür: Ein großer Mann benutzt die dreigliedrige Gleichung für die Leistung eines mechanischen Vorganges zur Umkehrung auf Leistungs*verbrauch*.

Hierin liegt bereits ein erfreulicher Zug des Ungewöhnlichen, des Loslösens, von eingefahrenem Denken. Aber im Lauf der Rechnung ereignet es sich, daß plötzlich nur zwei Glieder dastehen. Das dritte Glied nennt er in seinem Text ausdrücklich, nachher aber scheint er daran keinen Gedanken mehr zu wenden, rechnet mit den zwei Gliedern weiter und erhält natürlich eine riesige „Leistungsersparnis". Seine Konzeption war im Prinzip vollkommen richtig. Aber er hat wahrhaftig unterwegs das dritte Glied der sehr bekannten, ständig und noch heute benutzten Gleichung verloren. Ganz offenbar liegt einfach ein Versehen vor.

Und jetzt folgt das ebenso Unbegreifliche: Alle späteren Fachleute nehmen die *verstümmelte* Gleichung und lehren sie fast 40 Jahre lang, obwohl wahrscheinlich jeder von ihnen die ursprüngliche dreigliedrige Gleichung kennt, aus der die Umkehrung gewonnen wurde.

Ja, noch unbegreiflicher: Der Urheber, streng selbstkritisch, meldet Bedenken an seinen eigenen Resultaten an. Sie werden nicht beachtet. Jüngere Fachkräfte „suchen" den verlorenen Betrag, aber immer nur mit dem Gedanken, die „Ersparnis" zu retten, nicht die objektive wissenschaftliche Wahrheit zu finden. Schließlich bringen sie es dahin, daß der Urheber seine eigene, früher abgedruckte Selbstkritik fallen läßt, an seine erste Fassung des Problems *einschließlich des Versehens* glaubt und alle Neigungen, es noch einmal neu zu durchdenken, weit von sich weist; ja Kollegen, die mit Ernst und Sorgfalt das versuchen, für nicht ganz bei Verstande erklärt.

Was hier geschildert wurde, ist in den letzten 30 Jahren der Geschichte der Schiffs- und Luftschraube wirklich vor sich gegangen.

Meist ist die Welt noch bereit, nicht mehr Lebenden, die Wahrheit der Wirklichkeit gesucht und gefunden haben, Beachtung zu schenken. In das Urteil über die Wahrheitssuche Lebender aber mischen sich so viele emotionale Einflüsse, daß Jeder, der sie darzustellen sucht, sehr schnell die Neigung bekommt, Namen aus seinen Schriften zu verbannen.

Der Verfasser hat daher die Nachstrom-Propulsions-Theorien lebender Fachgenossen in dieser Schrift nur mit Ziffer angegeben, sofern nicht Namensnennung ausdrücklich gewünscht wurde; denn es war anzunehmen, daß diese Mutigen über ihnen entgegenstehende Ergebnisse Anderer dann auch nicht klagen würden. Eine von zwei oder mehr Bearbeitern stammende Äußerung wurde nur dann aufgenommen und besprochen, wenn Einigkeit in der Frage der Namensnennung unter ihnen feststand. Literaturverzeichnisse konnte es bei dieser Sachlage natürlich nicht geben.

Verfasser hat die nach seinem besten Wissen und Gewissen richtige Formulierung der Nachstrompropulsionsfrage jeweils als Bemerkung den Theorien angefügt, wobei sich dann Übereinstimmung mit anerkannten und grundlegenden Naturgesetzen, und nachgewiesenermaßen mit der Wirklichkeit im Versuch ergab. Manchmal war es sogar nur nötig, bei einer Ziffer auf die Bemerkungen zu einer vorhergehenden zu verweisen. Verfasser zieht nicht aus alledem den Schluß, etwas Besonderes damit getan zu haben, sondern nur z. T. 40 Jahre lang verfolgte Irrwege *nicht* gegangen zu sein.

Er stellt vielmehr mit Bedauern fest, daß demjenigen, der die Theorie der Nachstrompropulsion damals in einer wirklich genialen Vision geschaffen hat, Albert Betz, das reine Versehen unterlaufen ist, ein Glied einer Gleichung, das er selbst im *Text* erwähnt, in der Rechnung nicht mitgenommen zu haben. Mit gleichem Bedauern bemerkt Verfasser, daß bis 1964 weder Jemand das Versehen bemerkt oder die Berechnung ergänzt zu haben scheint, noch zuverlässige Versuche angestellt hat, um die Wirklichkeit zu befragen, die ganz allein entscheidend ist. Andere Bearbeiter haben ein anderes Glied der Strahltheoriegleichung ausgelassen, manchmal direkt ausgesagt, sie *wollten* es nicht mitnehmen.

Selbst die Schiffahrt, die technisch, ja sogar wirtschaftlich, hätte interessiert sein müssen, hat sich, meist ohne grundsätzliche strömungsmechanische Klärung der Frage, mit dem Einsetzen von empirischen Koeffizienten beholfen, oder ist Betz ohne die genannte Ergänzung gefolgt.

Die Reihenfolge der Theorien ist im allgemeinen chronologisch vorgenommen worden, wovon aber bei ausgesprochener Verwandtschaft von Entwicklungen Ausnahmen gemacht wurden und sie hintereinander gebracht worden sind.

Der Einheitlichkeit wegen wurden meist die Arbeiten umgeschrieben auf die Bezeichnungen der nachstehenden Liste der Formelzeichen. Wenn einzelne Sonderbezeichnungen verwendet wurden, ist dieses an den betreffenden Textstellen gesagt und begründet worden. Völlig allgemein gebräuchliche, wie: g, S, c_a, c_w, ϱ, n, q, γ usw. sind nicht besonders aufgeführt. Bildnummern sind in den einzelnen Theorien immer wieder mit 1 begonnen worden, wie die Bezifferung der betreffenden Bearbeiter lief.

Verfasser ist sich darüber klar, zu dieser Schrift wahrscheinlich den Kommentar zu erhalten, sie sei voller Längen und Wiederholungen. Er ist selbst dieser Ansicht, hat sich aber nur an zwei Stellen (II und VII) zu Zusammenfassungen entschließen können. Denn er mußte andernfalls damit rechnen, daß die einzelnen Bearbeiter den Vorwurf erheben würden, er, der Bisheriges verbessern wolle, er habe mit gekürzten Darstellungen den vollen Inhalt und Sinn ihrer Ausführungen nicht getroffen. Mit anderen Worten, Verfasser wollte sich nicht Mangel an streng genauer Wiedergabe vorwerfen lassen.

Wem dieses kleine Buch schon zu langwierig ist, mag sich darauf beschränken, nur Kapitel X zu lesen, das schnell die Zustimmung einer Anzahl von Fachgenossen gefunden hat. Erwarten kann er freilich nicht, daß er dann schon ein vollständiges Bild des physikalischen Vorganges erhalten hat. Erkannt haben wird er aber den bisherigen rechnerischen Irrtum, und wird dadurch vielleicht veranlaßt, ergänzend die übrigen Kapitel und die Versuche mehr wie ein Nachschlagewerk zu benutzen.

Es bleibt dem Verfasser übrig, allen Mitwirkenden an diesem Buche seinen besten Dank zu sagen, auch ausdrücklich denjenigen, die des Verfassers Resultaten nicht zustimmen. Er bedauert, aus den eben besprochenen Gründen der sonst selbstverständlichen Höflichkeit der Namensnennung dieses Mal nicht nachkommen zu können.

Dagegen möchte und kann Verfasser offen dem Verlage Dr. DIETRICH STEINKOPFF und dessen Mitarbeitern für die sorgfältige Behandlung aller einschlägigen Fragen, die auch in der Herstellung manche Schwierigkeiten brachten,besten Dank aussprechen.

Bremen, Frühjahr 1970 HENRICH FOCKE

Inhalt

Liste der benutzten Formelzeichen

Fall (N) Anordnung von Sieb und Propeller nebeneinander, normaler Propeller.

Fall (H) Anordnung von Sieb und Propeller hintereinander, Nachstrompropulsion.

$L_{\text{Fahrt verbraucht}}$ = Leistungsverbrauch für mechanische Fortbewegung des Siebes (oder = negative Nutzleistung), mkp/sec.

L_{Na} = in den Nachstrom gesteckter Anteil der verbrauchten Leistung (negative Strahlleistung) mkp/sec.

$L_{\text{verbr.}}$ = verbrauchte Gesamtleistung des Siebes = $L_{\text{Fahrt verbr.}} + L_{\text{Na}}$ = mkp/sec.

$L_{\text{Fahrt gelief.}}$ = gelieferte Leistung des Propellers für die Fahrt (positive Nutzleistung) mkp/sec.

L_{Strahl} = als kinetische Energie vom Propeller in den Strahl gesteckt, mkp/sec. (positive Strahlleistung)

$L_{\text{ges.}}, L_{\text{Aufw.}}$ = aufgewandte Gesamtleistung = $L_{\text{Fahrt gelief.}} + L_{\text{Strahlleist.}}$ mkp/sec.

$L_{\text{erford.}}$ = erforderliche Gesamtleistung, = $L_{\text{gesamt.}} = L_{\text{verbr.}}$ mkp/sec.

$\ddot{u}$ = Übergeschwindigkeit v_3 über v_1

S = Schub des Propellers kp

W = Widerstand des Siebes kp

F = Fläche von Sieb u. Propellerscheibe m²

v_1 = Geschwindigkeit des Fahrzeuges Sieb+Propeller im ruhenden System m/sec

v_1 = Anströmgeschwindigkeit des Propellers im Fall (N) m/sec

v_2 = Geschwindigkeit des Luftstromes hinter dem Sieb relativ zu ihm

v_2 = Geschwindigkeit der Anströmung des Propellers im Fall (H) m/sec

v_{Na} = Geschwindigkeit des Nachstroms im ruhenden System Fall (H) m/sec

v_{3N} = Geschwindigkeit hinter dem Propeller Fall (N) m/sec

v_{3H} = Geschwindigkeit hinter dem Propeller Fall (H) m/sec

v_{3r} = Geschwindigkeit hinter dem Propeller, ruhendes System, Fall (H) m/sec

v' = Geschwindigkeit *in* der Scheibe (Sieb bzw. Prop.) m/sec

η_{th} = theoretischer Wirkungsgrad

ζ = Leistungsgütegrad

$\dot{m}$ = Sekundlicher Massenfluß

p_{0N} = Druck im ruhenden System außerhalb der betr. Stromröhre kp/m²

p_{1N} = Druck unmittelbar vor dem Propeller kp/m²

p_{2N} = Druck unmittelbar hinter dem Propeller kp/m²

p_{1H} = Druck unmittelbar vor dem Sieb kp/m²

p_{2H} = Druck unmittelbar hinter dem Sieb kp/m²

p_{3H} = Druck unmittelbar vor dem Propeller kp/m²

p_{4H} = Druck unmittelbar hinter dem Propeller kp/m²

c_S = Belastungsgrad

c_{ws} = Widerstandsziffer des Siebes

α = Verhältnis von v_2/v_1

Wir entschließen uns, wie fast alle bisherige Bearbeiter des Problems, zwischen *Leistungszufuhr* und *Leistungsverbrauch* zu unterscheiden, und sprechen von *Leistung*$_{\text{erforderlich}}$ und *Leistung*$_{\text{verbraucht}}$, anstatt die letztere immer mit dem Minuszeichen durch die Rechnung zu schleppen.

A. Einleitung

Vor etwa 100 Jahren haben die beiden englischen Schiffsingenieure FROUDE und RANKINE als erste eine richtige Theorie des Schraubenpropellers der Schiffe aufgestellt. Sie waren gute Theoretiker *und* Praktiker und haben im Auftrage der englischen Flotte umfangreiche Versuche auf einem ihnen zur Verfügung gestellten Kreuzer gemacht.

Sie stellten, wenn das Schiff mit der Geschwindigkeit v_1 fahren sollte, und dabei den Wasserwiderstand W überwand, fest, daß sie an der Welle des Propellers *mehr* Leistung als $W \cdot v_1$ aufwenden mußten. Das konnte (abgesehen von sonstigen Reibungsverlusten und dergl.) auch prinzipiell nicht ausbleiben, da ein Schraubenschub $S = W$ in einer Flüssigkeit nur erzielt werden kann, wenn man dauernd Massen von ihr nach hinten beschleunigt, so daß man laut Impulssatz die entsprechende Reaktionskraft nach vorn erhält. Die Beschleunigungsübergeschwindigkeit $\ddot{u}$ hierzu mußte also der Propeller über v_1 hinaus noch aufbringen, so daß hinter ihm ein „Strahl" mit der Geschwindigkeit:

$$v_3 = v_1 + \ddot{u} \tag{1}$$

entstand. FROUDE wies nach, daß in der Ebene des Propellers mit der Kreisfläche F infolge seiner Ansaugung bereits die Hälfte, $\ddot{u}/2$, zu v_1 hinzukomme, der Rest erst dann, wenn der Drucksprung S/F sich in Geschwindigkeit nach dem BERNOULLIschen Gesetz ebenfalls in Geschwindigkeit umgesetzt habe und folglich weiter hinten ein paralleler Strahl entstanden sei (s. Abb. I; 1a).

Die seinerzeit von FROUDE und RANKINE *ingenieurmäßig* gegebene Formel, daß der Leistungsbedarf an der Welle eines Propellers sei:

$$L = S \cdot \frac{v_1 + v_3}{2}, \text{ (oft } = S \cdot v' \text{ geschrieben!)} \tag{1}$$

ist eine richtige Angabe, wenn ein Schub S und eine Geschwindigkeit v_1 von dem Propeller verlangt war, und v_3 die Strahlgeschwindigkeit des Propellers genannt wird. Diese Aussage ist aber deswegen noch keine Leistungsbilanz.

Es ist wahr, der Ingenieur, der vom Propeller

$$L = S \cdot v_1 \tag{2}$$

zu liefern verlangt, muß an der Propellerwelle:

$$L = S \cdot \frac{v_1 + v_3}{2}, \tag{3}$$

also mehr, an Leistung *zuführen*. Den Quotienten von (2) und (3) nennt er eben den theoretischen Wirkungsgrad.

Wenn er aber die Gleichung aufschreiben würde:

$$L_{\text{erforderlich}} = S \cdot v_1 = S \cdot \frac{v_1 + v_3}{2}, \tag{4}$$

so sähe er, aber auch schon jeder Oberschüler, sofort, daß das keine Gleichung ist, denn:

$$S \cdot \frac{v_1 + v_1}{2} \text{ ist nicht gleich } S \cdot \frac{v_1 + v_3}{2}, \tag{5}$$

da ja gerade festgesetzt war, v_3 sei größer als v_1. Das heißt also nichts anderes, als daß es noch einen weiteren Leistungsanteil gibt, der verloren sein muß bei einer Wirkung, die der Ingenieur gar nicht wollte.

Wir wissen es: es ist die Leistung, die der zugeführten sekundlichen kinetischen Energie des Strahles nach hinten entspricht, ohne den der Schub S gar nicht erzeugt worden wäre. Dieser Leistungsanteil muß also notgedrungen *auch* aufgebracht und an der Propellerwelle zugeführt werden.

Daraus folgt die *vollständige* Froude-Rankine-Gleichung:

Gesamtleistung = Nutzleistung + Strahlleistung

$$L_{\text{ges.}} = L_{\text{Fahrt}} + L_{\text{Strahl}} = S \cdot \frac{v_1 + v_1}{2} + S \cdot \frac{v_3 - v_1}{2}.$$

Wir hatten soeben vorher (N) einen normalen Propeller betrachtet, der einen Schub S über eine Strecke v_1 je Sekunde, also $S \cdot v_1$ an Leistung ausübte, und wir sahen, daß er das tun konnte mit einer Leistung:

$$S \cdot \frac{v_1 + v_{3N}}{2}, \text{ (Fall } N\text{)},$$

worin jedoch eine Leistung für die Strahlerzeugung von:

$$S \cdot \frac{v_{3N} - v_1}{2}$$

eingeschlossen war, so daß wir erhielten die Fahr- oder Nutzleistung:

$$S \cdot v_1 = S \cdot \left(\frac{v_1 + v_{3N}}{2} - \frac{v_{3N} - v_1}{2} \right). \tag{7a}$$

Nun dient ein Propeller, z. B. im Schiffsbau, oft dazu, mit seinem Schub S einen Widerstand des Schiffes W zu überwinden, so daß $W \cdot v_1$

verbraucht und $S \cdot v_1$ vom Propeller an Leistung geliefert werden muß. Das Neue in dieser Situation ist nun, daß der Propeller selbst nicht, wie bisher, in v_1 arbeiten kann, sondern in einer durch die Summe aller Widerstände des Schiffes verzögerten Strömung, die die Geschwindigkeit v_2 habe (Fall H; Abb. 1).

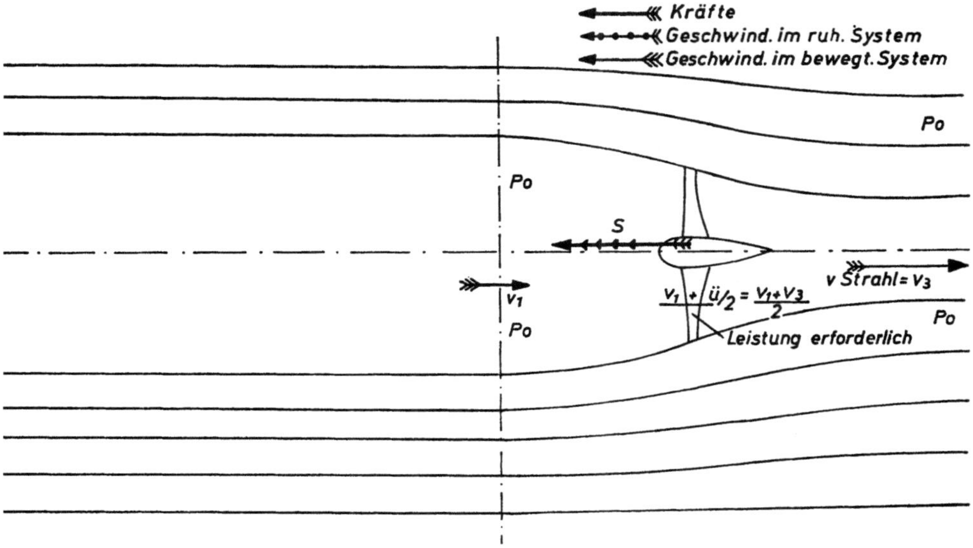

Abb. I; 1a. Strömung eines Propellers allein (Fall N).

Eine zuverlässige theoretische Behandlung wird dadurch sehr erschwert, daß die Verzögerung der Wassergeschwindigkeit in unmittelbarer Nähe des Schiffes groß ist und nach außen entsprechend der Schiffsform, meist in sehr unregelmäßiger Weise, sich vermindert, bis sie in weitem seitlichen Abstand wieder v_1 entspricht. Das Wasser wird vom Schiff „mitgenommen".

Um zunächst eine *prinzipielle* Klärung zu schaffen, hat Herr Betz vor fast 40 Jahren zu einem genialen Hilfsmittel gegriffen: Er sagte sich, man müsse den Propeller in eine seiner Kreisform entsprechende, über seine Fläche gleichmäßige, gegenüber v_1 verminderte Geschwindigkeit setzen, um klar rechnen zu können. Das tue am besten ein rundes, möglichst gleichmäßig gewebtes Drahtsieb durch die Reibung an seinen Drähten, hinter dem sich nach Druckausgleich die Parallelströmung v_2 einstelle, aber alsbald durch den Propeller, auch möglichst gleichförmig, auf $v_3 = v_1$ wieder beschleunigt werde. Das Sieb solle so dicht gewebt und der Propeller so konstruiert, und mit solcher Drehzahl betrieben sein, daß S und W gleich werden. Entsprechend dem Kontinuitätsgesetz breitet sich die langsamer werdende Strömung aus, bei der Beschleunigung zieht sie sich wieder zusammen.

B. Behandelte Theorien

I. Theorie Betz

Die Geschichte der Nachstrompropulsion beginnt mit dem Jahre 1928, in dem Albert Betz untersuchte, was geschähe, wenn man den Propeller in den verlangsamten Geschwindigkeitsbereich *hinter* denjenigen Körper setze, den er antreiben soll (Fall *H*). Es handelt sich also um die einleitend schon genannte, fast 40 Jahre alte Konzeption. Betz war in Göttingen lange Jahre Nachfolger von Prandtl als Leiter der Aerodynamischen Versuchsanstalt der Max-Planck-Gesellschaft.

Er sagte sich: Eine Propulsionseinrichtung, um einem Fahrzeug eine Geschwindigkeit in einem Medium zu erteilen, muß die erforderliche Schubkraft dazu im allgemeinen dadurch erzeugen, daß sie die ankommende Geschwindigkeit *weiter* beschleunigt, z. B. beim gewöhnlichen Wasser- oder Luftpropeller. Der Schub muß natürlich dem Widerstand des Fahrzeuges gleich sein. Da Fahrzeug und Propeller zusammenhängen und somit die gleiche Geschwindigkeit haben, ist die nötige sekundliche Energie für die Fahrt der Schub oder der Widerstand multipliziert mit dieser Geschwindigkeit. Betz wählte absichtlich für den Widerstand ein sehr drastisches Beispiel, ein Sieb. Um den Schub zu erzeugen, kommt auch hier zu dem Sieb-Leistungsverbrauch derjenige zur Erzeugung des Propellerstrahles, der natürlich schneller sein muß als die beim Propeller ankommende Geschwindigkeit. Die für den Strahl aufgewandte sekundliche Energie kommt also zu der obengenannten auch in diesem Falle hinzu.

Nun überlegte Betz: Wenn der Propeller in die hinter Fahrzeug oder Widerstand *langsamere Geschwindigkeit*, den Nachstrom oder das Totwasser gesetzt würde, so kann der Schub dadurch erzeugt werden, daß die Beschleunigung im Strahl nur *bis zur*, aber nicht *über* die Fahrgeschwindigkeit gesteigert wird. Es geht dann folgendes vor sich:

> Ein mit v_1 fortschreitender Propeller hinterläßt für sich allein im ruhenden Medium des Außenraumes eine Säule nach *hinten* strömender Luft, die sich ständig verlängert (und deren kinetische Energie sich weiterhin in Turbulenz, Reibung, endlich Wärme verlieren würde, wenn nichts weiter geschieht) (Abb. 1a).
>
> Ein mit v_1 bewegtes Sieb hinterläßt für sich allein im ruhenden Medium des Außenraumes eine Säule nach *vorn* strömender Luft, die sich ständig verlängert (und deren kinetische Energie sich weit hinten schließlich in Turbulenz Reibung und Wärme verlieren würde, wenn nichts weiter geschieht) (Abb. 1b).

Betz schreibt ZFM 1928, 171/73 weiter:

. . . „Denken wir uns, um die Verhältnisse quantitativ bequemer übersehen zu können, anstelle des Fahrzeuges ein Sieb, welches der durch-

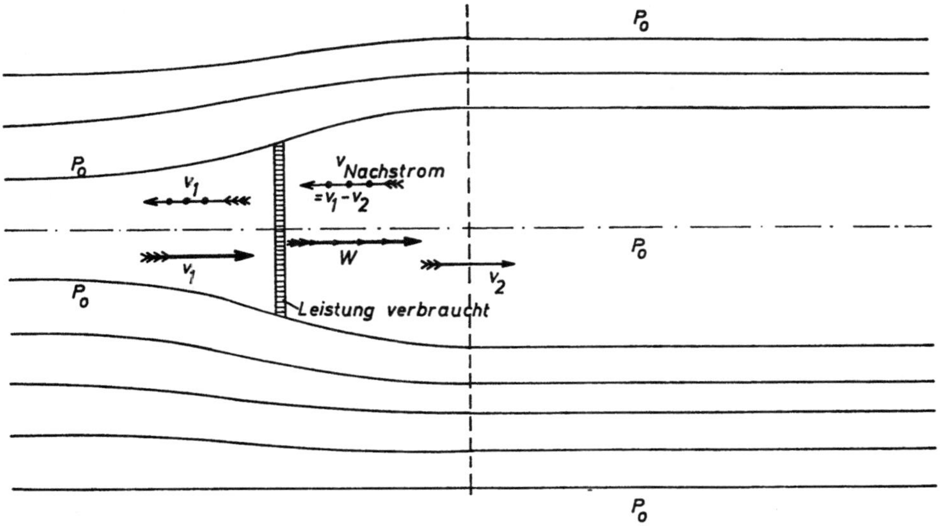

Abb. I; 1b. Strömung um ein Sieb allein.

fließenden Flüssigkeit Energie entzieht, so daß die Geschwindigkeit derselben vermindert wird. Wir wollen das Sieb zunächst als ruhend annehmen und lassen die Flüssigkeit mit der Geschwindigkeit v_1 dagegen strömen. In einiger Entfernung hinter dem Sieb, wo die Drücke wieder ausgeglichen sind, habe die Flüssigkeit die Geschwindigkeit v_2 (Abb. 1). Ist $\dot{m}$ die Masse der Flüssigkeit, welche sekundlich durch das Sieb hindurchtritt, so ist nach dem Impulssatz der Widerstand des Siebes:

$$W = \dot{m}(v_1 - v_2).$$

Wenn wir das Sieb nicht als ruhend ansehen, sondern annehmen, daß es sich mit der Geschwindigkeit v_1 (entgegen der bisher betrachteten Strömungsrichtung) in ruhender Flüssigkeit bewegt, so muß nach unserer letzten Definition die Nutzleistung

$$W \cdot v_1$$

aufgebracht werden. Wir ordnen nun den Propeller so an, daß er gerade die ganze vom Sieb verzögerte Flüssigkeit erfaßt. Um einen Schub gleich dem Widerstand zu erzeugen, muß er nach dem Impulssatz diese Flüssigkeit von der Geschwindigkeit v_2 gerade wieder auf die Geschwindigkeit v_1 beschleunigen.

Da nach einer bekannten Überlegung aus der Propellertheorie die Durchflußgeschwindigkeit durch den Propeller

$$v' = \frac{v_1 + v_2}{2}$$

ist, so wäre, wenn sonst keine Verluste vorhanden wären, dazu eine Leistung:

$$L = W \cdot v' \text{ erforderlich}, = < W \cdot v_1.$$

Danach wäre also die *verbrauchte* Leistung kleiner als die zur Fortbewegung mit v_1 nötige."

Betz schreibt schon selbst „wäre", nicht „ist", offenbar in dem unguten Gefühl, daß das ja gar nicht der Wirklichkeit entsprechen kann.

Bemerkungen des Verfassers zur Theorie I, Betz

Da Herr Betz dieses in einem Vortrag vor Fachleuten aussprach, hat er nicht dazu gesagt, daß das angesichts der Ungleichung:

$$W \cdot \frac{v_1 + v_1}{2} \neq W \frac{v_1 + v_2}{2}$$

und damit des Gesetzes der Erhaltung der Energie ganz undenkbar sei. Denn das wußte jeder seiner Zuhörer.

Es ist wichtig, sich klar zu machen, daß der Text ursprünglich *gesprochen* wurde. Man versteht leicht, wie es kommen konnte, daß die Eigentümlichkeit der Nachstrompropulsion, wo in der Umkehr der Strahltheorie, was beim Propeller als Nutzleistung erscheint, plötzlich die gesamte *zuführbare Leistung* $W \cdot v_1$ wird, im Augenblick des Sprechens nicht sofort vor Augen stand. So blieb dann, wahrscheinlich durch unglückliche Umstände, bis zum Druck das Versehen in einer sonst so geistreichen Konzeption stehen.

Noch wichtiger ist aber, daß Herr Betz den Mangel herausgefühlt hat (wenn er auch seinen Urgrund nicht gleich erkannte), da er in strenger Selbstkritik in den Text folgende Warnungen schrieb:

„... Man erhält demnach, wenn man die Nutzleistung in dieser Weise definiert, eine *scheinbare* Erhöhung des Propeller-Wirkungsgrades, sobald der Propeller in einem Gebiet verminderter Geschwindigkeit arbeitet. Daß hierbei etwas nicht in Ordnung ist, geht schon daraus hervor, daß dieser so erhaltene Wirkungsgrad η_{th} beliebig hoch sein, also auch über Eins hinausgehen kann, wenn man die Anordnung so trifft, daß die Geschwindigkeit v_x in der Gegend des Propellers genügend klein ist gegenüber der ungestörten Geschwindigkeit ..."

„... Würden wir die zwischen Propeller und Fahrzeug wirkende Kraft mit der Fahrgeschwindigkeit multiplizieren und dieses Produkt als seine Nutzleistung ansehen, so würden wir offenbar eine *scheinbare* Nutzleistung von einer Größe erhalten, welche mit der aufgewandten Leistung in gar keiner Beziehung steht und sie weit übertrifft. Man erkennt hieraus, daß die zwischen Propeller und Fahrzeug wirkende Kraft nicht die für die wirtschaftliche Beurteilung einer Propelleranordnung geeignete Größe ist ..."

Es ist höchst merkwürdig, daß Herr Betz sich an dieser Stelle nicht der von ihm selbst aufgestellten Regel erinnert hat, ein Propeller müsse stets mit *der* Geschwindigkeit behandelt werden, wie sie an derjenigen Stelle herrscht, an der er angebracht ist; auch dann, wenn an dem Körper, den er antreiben soll, an anderen Stellen andere Geschwindigkeiten herrschen.

Obgleich Nachstrompropulsion gerade der typische Fall ist, wo der Propeller *nicht* in der Fahrgeschwindigkeit arbeitet, wendet er die Formel für die dem Propeller an der Welle zuzuführende Leistung so an, als ob er in der Fahrgeschwindigkeit angebracht wäre. Er kehrt die Froude-Rankine-Formel um, stellt fest, daß $W \cdot v_1$ vom Sieb gebraucht wird und meint, die Kompensation werde von einem *in* v_2 sitzenden Propeller auch geleistet.

Der leistet aber nur $W \cdot v_2$! Und:

$$W \cdot \frac{v_2 + v_{3H}}{2} = W \cdot \frac{v_2 + v_1}{2}$$

verbraucht er dafür.

Nun ist also guter Rat teuer! $S \cdot v_1 = W \cdot v_1$ müßten wir haben, erhalten aber nur $S \cdot v_2$.

Ein ernstlicher und haltbarer Versuch diese Schwierigkeit in Ordnung, zu bringen und Betzs Warnungen zu befolgen, ist anscheinend auch später nie gemacht worden.

Nachträglich ist es nicht allzu schwer, die Ursache der Unstimmigkeit zu finden: Das Sieb muß geschleppt, besser geschoben werden. Es führt aus dem Vorgang Leistung fort, während ein normaler Propeller in ihn, nämlich in die Masse des Mediums, Leistung einführt in Gestalt kinetischer Energie. Betz hat also die Froude-Rankine-Gleichung, wie oben gesagt, umgekehrt benutzt.

Wir sahen, daß sie beim normalen Propeller lautet:

$$L_{\text{ges.}} = S \cdot \frac{v_1 + v_{3N}}{2} = S \cdot v_1 + S \cdot \frac{v_{3N} - v_1}{2} ;$$

hinter dem Propeller war die Geschwindigkeit *höher als* v_1, nämlich v_{3N}.

Hier, in der Umkehrung, wo *hinter* dem Sieb, *vor* dem Propeller *weniger* als v_1, nämlich nur v_2 herrscht, wird *verbraucht* also:

$$W \cdot \frac{v_1 + v_2}{2} = W \cdot v_1 + W \cdot \frac{v_2 - v_1}{2} .$$

Da wir $W \cdot v_1$ nur mit der vom Propeller gelieferten mechanischen Fahrleistung $S \cdot v_1$ kompensieren können, ist dazu dem Propeller zuzuführen:

$$L_{\text{erford.}} = S \cdot v_1 = S \cdot \frac{v_1 + v_2}{2} - S \cdot \frac{v_2 - v_1}{2} = S \cdot \left(\frac{v_1 + v_2}{2} + \frac{v_1 - v_2}{2} \right) .$$

In Worten: Die Gesamtleistung Siebwiderstand mal Fahrt, bestehend aus den zwei Gliedern Wegführung von Leistung im Sieb *und* Leistung zur Erzeugung des Nachstroms *nach vorn*, muß durch Gesamt-Leistung an der Propellerwelle, bestehend aus Fahrleistung Schub mal Fahrt *und* Strahlleistung für den Strahl nach *hinten* kompensiert werden.

$$L_{\text{verbr. gesamt}} = L_{\text{gelief. gesamt}}.$$

Demnach muß Betzs Ergebnis durch

$$+ S \cdot \frac{v_1 - v_2}{2}$$

ergänzt werden, was man laut Impulssatz auch schreiben kann:

$$+ \dot{m} \frac{(v_1 - v_2)^2}{2},$$

woraus sofort erkennbar wird, daß es sich um die im Text von Betz erwähnte Wiederbeschleunigungsleistung handelt. Tragisch genug, hat er sie in der Rechnung nicht mitgenommen. Heutzutage, wie immer nachträglich, ist leicht gesagt, daß man durch die Zweigliedrigkeit der rechten Seite der Froude-Rankine-Gleichung darauf hätte aufmerksam gemacht sein können; entgegengesetzt wirkte aber bei Fall *N* die in der Einleitung genannte Ingenieur-Form, die nur die an der Propellerwelle aufzubringende Leistung angibt.

Der normale Propeller hat also einen *nicht der Nutzleistung zugute kommenden* Leistungsverbrauchsanteil aus der kinetischen Energie seines Strahles *nach hinten*, der *schneller* gemacht werden muß als die Fahrgeschwindigkeit. Der Widerstandskörper hat einen ganz entsprechenden, in seinen Leistungsverbrauch mit eingehenden Anteil aus der kinetischen Energie seines Strahles *nach vorne*, den Nachstrom, der also im ruhenden System *langsamer* ausfällt als die Fahrgeschwindigkeit.

Setzt man den Propeller hinter den Widerstand, das Sieb, so ist der Strahl nach vorn durch den Strahl nach hinten gerade zum Stillstand zu bringen, da ohnehin die Wiederbeschleunigung der vorhergehenden Verzögerung gleich gemacht werden muß (Abb. I; 1). Im ruhenden Medium bleibt keine kinetische Energie zurück. Damit braucht an der Propellerwelle auch nur gerade die der Fahrt, also der Nutzleistung entsprechende Leistung zugeführt zu werden.

Die notwendige Schuberzeugung wird trotzdem ausgeübt, aber nur durch Beschleunigung einer *geringeren* Geschwindigkeit v_2 *auf* die Fahrgeschwindigkeit v_1, *nicht darüber hinaus*.

Theoretisch hätten wir, wenn keine weiteren dissipativen Verluste hinzuträten, den Wirkungsgrad $\eta_{\text{th}} = 100\%$.

Die Betzsche Konzeption, wie hier geschehen, ergänzt, begründet also den Lehrsatz: „Nachstrompropulsion ist theoretisch im Leistungsverbrauch um den Betrag des Strahlverlustes des Normalpropellers sparsamer als dieser". Später hat ein anderer Bearbeiter das BETZsche Resultat *ohne die Ergänzung* zu retten versucht auf folgendem Wege: Er sah wohl ein, daß die von BETZ errechnete, aber selbst kritisch betrachtete Leistung

$$L = W \cdot \frac{v_1 + v_2}{2} = S \cdot \frac{v_1 + v_2}{2}$$

nicht ausreichte. Nun klammerte er sich an die Idee, die hinter dem Sieb noch in der Strömung vorhandene sekundliche kinetische Energie als vom Propeller *aufgenommene* und dann als *von ihm geleistete* in die Strömung wieder abgegebene zu betrachten und so die Leistungsbilanz in Ordnung zu bringen. Leider hat BETZ in späteren Jahren diese Idee mitgemacht (vgl. Theorie VI, SCHLICHTING). Der Gedanke ist natürlich physikalisch unmöglich, die am Propeller ankommende kinetische Energie

$$\dot{m} \cdot \frac{v_2^2}{2}$$

als vom Propeller geleistet aufzufassen.

Der Akt der Beschleunigung ankommender Massen auf den Blättern eines Propellers ist mit seinen dadurch hervorgerufenen Massen-Kräften die eigentliche Ursache des Schubes (mit seinen axialen Komponenten) und des Drehmomentes (mit seinen tangentialen Komponenten), damit auch seiner verzehrten Leistung und der vermindert wieder abgegebenen, der eigentlich gewünschten mechanischen, Kraft mal Weg.

Gewiß ist die Umkehrung auch möglich. Dann wird der Propeller eine Windmühle oder Turbine. Die vorne ankommenden Luftmassen werden jetzt verzögert. Wir *erhalten* Massenkräfte auf den Blättern. Die axialen wollen jetzt die Windmühle nach hinten umwerfen. Ihre Richtung hat sich umgekehrt. Die tangentialen *erzeugen* ein Drehmoment, was ja der Sinn ist.

Beides ist möglich. *Aber beides ist niemals gleichzeitig möglich unter gleichen Betriebsbedingungen* (Geschwindigkeiten, Stellungen der Blätter usw.).

Alles das ist so selbstverständlich, daß es eigentlich nicht mehr gesagt zu werden brauchte. Wenn aber eine solche physikalische Zumutung gestellt wird, kann man nur auf die elementaren physikalischen Gegebenheiten zurückgreifen.

Noch primitiver: Gesetz von „actio = reactio". Bewegte Massen eines Mediums können auf feste Körper Massenkräfte ausüben. Dann werden sie selbst verzögert. Bewegte feste Körper können auf ein Medium Kräfte ausüben. Dann wird das Medium oder doch Teile von ihm beschleunigt.

Nie und nimmer kann aber am gleichen Organ (Blatt, Schaufel) zu gleicher Zeit am gleichen Ort beides gleichzeitig geschehen, was zu glauben uns hier zugemutet wird.

Ein ankommender Luftstrom, der ein Schaufelgitter trifft, kann schneller oder langsamer sein, als dieses ihm gäbe. Ist er schneller als der des Schaufelgitters, so muß ihm die Übergeschwindigkeit anderswo vorher erteilt worden sein. Es liegt bei uns, Stellung, Größe, Anzahl und Umfangsgeschwindigkeit der Schaufeln so zu gestalten, daß wir ihm den damit mitgebrachten Energieanteil wieder entziehen und anderweitig verbrauchen. Es liegt aber auch bei uns, die genannte Gestaltung so vorzunehmen, daß wir die schon ankommende Geschwindigkeit noch weiter erhöhen, wobei wir Leistung beisteuern müssen. Aber, nochmals: Wir können nie zur gleichen Zeit am gleichen Ort im gleichen Strom des Mediums mit der gleichen Gestaltung des Schaufelgitters beides gleichzeitig tun! Was im übrigen ja auch technisch völlig zwecklos wäre. Das Herausnehmen einer Leistung aus einer Strömung und gleich wieder hineinleiten würde höchstens noch Zwischenverluste kosten.

Wir dürften nur aussprechen, müßten aber auch danach handeln, daß, wenn der Stromfluß an unser Propulsionsgerät mit höherer Geschwindigkeit herankam, sie ihm vorher irgendwo erteilt wurde. Wir können sie ihm belassen, dann wissen wir ja auch, was wir hinter der ganzen Apparatur an Energie zu erwarten haben. Unser Propulsionsgerät beteiligt sich dann nicht an der Energiebilanz (z. B. Nullschubbetrieb einer Luftschraube im Gleitflug eines Normalflugzeuges). Oder, wie oben gesagt, wir können Geschwindigkeit und damit Energie wirklich addieren oder subtrahieren. Die physikalische Wirklichkeit, auch eine idealisierte, gestattet aber nicht beides gleichzeitig.

Der richtige Ausdruck wäre: „Die Strömung brachte die und die Energie mit sich. Diesen Anteil brauchte der Propeller *nicht mehr von sich aus* zu leisten.“ Grundwichtig ist aber dann zu beachten, ob das Energiegesetz damit auch erfüllt ist. Und nicht nur eine Scheinerfüllung zu suchen in der unrichtigen Feststellung, der Propeller habe ein etwa auftretendes Defizit ausgeglichen. Hätte er es getan, so gehörte sein Aufwand auf die Ausgabenseite.

Um im Bilde zu bleiben: Der Propeller müßte ja handeln, wie ein Mann, der nicht recht weiß, was er will. Er ist an seinen Platz gesetzt, um die vom Siebdurchdringen müde gewordene Strömung aufzumuntern, er wird dafür in Form von Energie besoldet. Nun soll er hingehen und zur Strömung sagen: „Ach, ein bißchen Energie hast du ja noch, leih’ sie mir doch, damit ich sie auf die Aktivseite meiner Bilanz setzen kann, du bekommst sie bestimmt gleich wieder.“ Wenn ich die Strömung wäre, würde ich antworten: „Nein mein Lieber, es tut mir leid. Ich würde mich der Beihilfe zur Bilanzfälschung schuldig machen und das wird streng bestraft.“ Verf. hält es für das beste, wir überlassen diese phantastische Idee sich selbst und wir bleiben bei der Ergänzung zu Betz mittels Übernahme der Nachstromleistung. Sie fehlte und kann nicht rechnerisch durch Scheinenergiebeträge ersetzt werden, die in der physikalischen Wirklichkeit gar nicht vorhanden sind.

Wir mußten, um allen Einwänden zu begegnen, auf den letzten Seiten sehr ausführlich werden. Rein rechnerisch hätten wir es viel einfacher haben können. Wir hätten zu Beginn von I, Abs. 6 (in Anführungszeichen!) an der Stelle: „wieder auf die Geschwindigkeit v_1 beschleunigen" nur hinzufügen brauchen: „wozu nötig ist

$$L_B = \dot{m} \cdot \frac{(v_1 - v_2)^2}{2} = W \cdot \frac{v_1 - v_2}{2},\text{“}$$

und hätten unverändert fortfahren können:
„Da nach einer bekannten Überlegung aus der Propellertheorie die Durchflußgeschwindigkeit durch den Propeller

$$v' = \frac{v_1 + v_2}{2}$$

ist, so wäre, wenn sonst keine Verluste vorhanden wären, noch dazugekommen eine Leistung:

$$L_F = W \cdot \frac{v_1 + v_2}{2},$$

nötig für die Fahrt. Zusammen also $L_B + L_F =$

$$\underline{L_{\text{gesamt}} = W\left(\frac{v_1 + v_2}{2} + \frac{v_1 - v_2}{2}\right) = W \cdot v_1,\text{“}}$$

wie oben vorausgesagt. 1928 ist also nur das Versehen unterlaufen, L_B, obgleich erwähnt, nicht mitzunehmen.

II. Betz-Folge-Theorien

Eine Anzahl solcher Theorien folgen Betz, aber ebenfalls *mit* dem genannten Versehen, so daß eine nähere Erörterung sich erübrigt.

Diese Bearbeiter haben den immerhin vorsichtigen Betzschen Satz in I, daß die notwendige Leistung kleiner „wäre" als die bereits verbrauchte, mit „ist" gelesen, die daraus folgende Ungleichung als Gleichung benutzt, bedenkenlos die Leistungsbilanz offen gelassen und sind so in Widerspruch mit dem Energiegesetz geraten.

Bestenfalls haben sie gemerkt, daß ein Energiebetrag fehlte, und ihn, der in der physikalischen Wirklichkeit gar nicht existierte, durch eine Scheinrechnung herbeigeschafft.

Versuche haben wenige dieser Bearbeiter gemacht, und wenn, so finden sich darin die gleichen Versehen wie in der Rechnung.

IIIa. Theorie Verfasser, Ergänzung zu Betz

Unter den bekannten Voraussetzungen des Themas und seiner Konfiguration in Abb. I; 1 hat man in Analogie zur Ingenieurform der Strahltheoriegleichung des normalen Propellers

$$L_{\text{erforderlich}} = S \cdot v_1 = S \cdot \frac{v_1 + v_3}{2} \tag{1}$$

für den Leistungs*verbrauch* des Widerstandskörpers (Sieb, wegen Gleichförmigkeit der Verzögerung auf v_2!) geschrieben:

$$L_{\text{verbraucht}} = W \cdot \frac{v_1 + v_2}{2}. \tag{2}$$

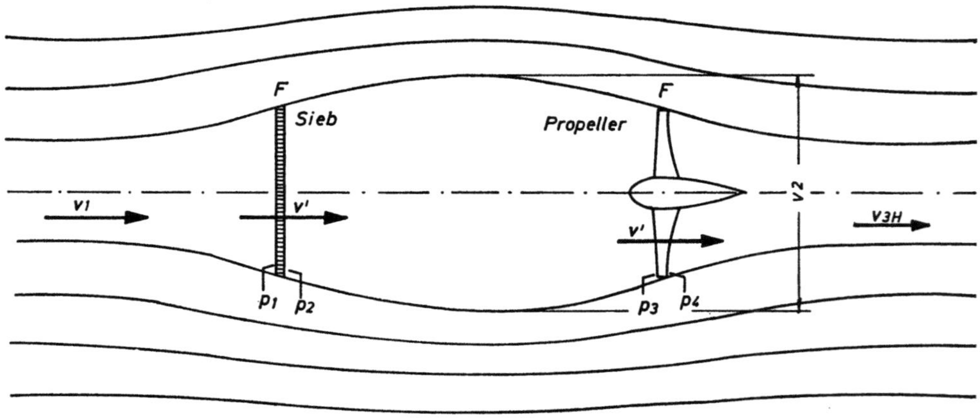

Abb. I;1. Nachstrom, Propeller hinter Sieb (Fall H).

Den Ingenieuren hat die Strahltheorie zwar immer dabeigesagt, daß man wohl

$$S \cdot \frac{v_1 + v_3}{2}$$

aufwenden müsse, aber nur $S \cdot v_1$ erhalte. Der verlorene Anteil interessierte sie jedoch nicht.

Bei der Nachstrompropulsion (Fall H, Sieb und Propeller hintereinander) aber hatte man nicht bedacht, daß (1) zwar angibt, was man an der Propellerwelle *aufzuwenden* hat, jedoch man nicht etwa den rechts stehenden Betrag in Form von $W \cdot v_1$, also als Fahrleistung *erhält*, sondern daß davon die in den Strahl gesteckte Leistung abgeht, ohne die man gar keinen Schub S erhalten würde. Ist $\dot{m}$ die sekundlich durchströmende Masse, so sind für den Strahl aufzuwenden:

im Falle N:

$$L_{\text{Strahl}} = \dot{m} \cdot \frac{(v_3 - v_1)^2}{2}\,, \text{ Sieb neben Propeller,} \tag{3}$$

so daß dieser Betrag von (1) abzuziehen ist, wodurch man erhält:

$$L_{\text{erford.}} = S \cdot \frac{v_1 + v_3}{2} - S \cdot \frac{v_3 - v_1}{2} \text{ (Impulssatz!)}.$$

In Fortsetzung der Analogie für Leistungs*verbrauch* wird also im Falle H:

$$L_{\text{verbr.}} = W \cdot v_1 = W \cdot \frac{v_1 + v_2}{2} - \dot{m} \cdot \frac{(v_2 - v_1)^2}{2}$$

$$= W \cdot \left(\frac{v_1 + v_2}{2} - \frac{v_2 - v_1}{2}\right)$$

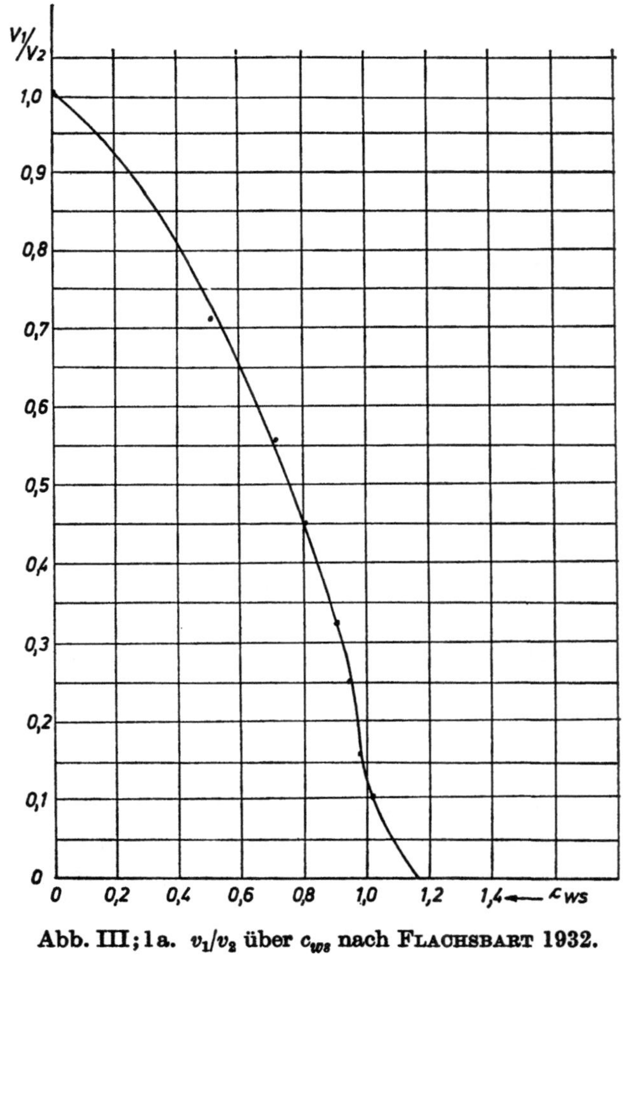

Abb. III; 1a. v_1/v_2 über c_{ws} nach FLACHSBART 1932.

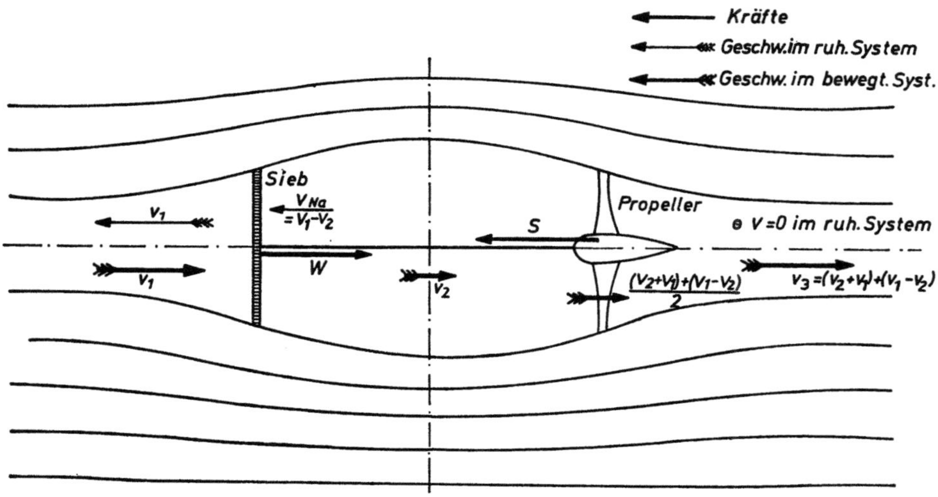

Abb. III; 1. Strömung mit *Ergänzungsglied* gegenüber I.

lt. Impulssatz, und weiter:

$$L_{\text{verbr.}} = W \cdot v_1 = W \cdot \frac{v_1 + v_2}{2} + W \cdot \frac{v_1 - v_2}{2} \text{ (Abb. III; 1).} \qquad (4)$$

Das letzte Glied gibt den Nachstrom, den „Strahl nach vorn".

Es wird positiv, da v_2 im Gegensatz zu v_3 kleiner ist als v_1. Wir können uns leicht überzeugen, daß der *bisherige* Ausdruck:

$$W \cdot v_1 = W \cdot \frac{v_2 + v_1}{2}$$

eine Ungleichung ist, da $v_2 < v_1$ ist:

$$W\left(\frac{v_1}{2} + \frac{v_1}{2}\right) \neq W\left(\frac{v_2}{2} + \frac{v_1}{2}\right)$$

und daher nicht weiter benutzt werden darf. Er verstößt außerdem gegen das Energiegesetz, da der Verbrauch (links) größer ist als der Aufwand (rechts). Unsere Gleichung (4) ebenso behandelt, gibt dagegen:

$$W\left(\frac{v_1}{2} + \frac{v_1}{2}\right) = W \cdot \left(\frac{v_1}{2} + \frac{v_2}{2} + \frac{v_1}{2} - \frac{v_2}{2}\right) = W \cdot v_1;$$

Aufwand und Verbrauch sind gleich; η_{th} ist 1, aber nicht mehr; das rührt daher, daß der Propeller für dieses Ergebnis seine *beiden* Anteile an Leistung, Fahrt *und* Strahl, nutzt; den letzteren, weil er v_2 wieder zu v_1 machen muß, wenn kein Restwiderstand verbleiben, also der Vorgang stationär sein soll. Soweit die reine ideale Theorie. Rechnet man nach unserer Formel (4) numerisch für verschiedene Siebdichten (Abb. III; 1a), wobei die Dichte 0 natürlich $c_{WS} = 0$ und $v_2 = v_1$ bedeutet, und geht andererseits bis zur vollen, festen Platte ($c_{WS} = 1{,}16$), so erhält man selbstverständlich $v_2 = 0$; $v_2 = v_1$ ist eben der Fall (N) (s. Tab. N). Um

Tabelle N

	1	2	3	4	5	6	7	8	9	10	11	12	13
I	20	25,0	1,00	500	8,40	28,40	24,20	3,00	25,0	605	0,83	0,835	0,570
II	20	24,4	0,98	488	8,10	28,10	24,05	3,03	24,4	590	0,825	0,830	0,492
III	20	23,8	0,95	476	7,90	27,90	23,95	2,98	23,70	574	0,810	0,835	0,520
IV	20	22,5	0,90	450	7,50	27,60	23,80	2,97	22,50	535	0,840	0,840	0,580
V	20	20,0	0,89	400	7,00	26,80	23,40	2,90	19,98	460	0,860	0,870	0,640
VI	20	17,5	0,70	350	6,00	26,00	23,00	2,89	17,40	405	0,860	0,870	0,810
VII	20	15,0	0,60	300	5,30	25,50	22,70	2,84	15,00	3,38	0,885	0,890	0,735
VIII	20	12,5	0,50	250	4,40	24,40	22,20	2,78	12,50	2,80	0,890	0,930	0,790
IX	20	5,00	0,20	100	1,90	21,90	20,95	2,62	5,02	101	0,996	0,990	0,945
X	20	2,50	0,10	50	0,98	20,98	20,49	2,56	2,50	51,4	1,020	0,990	0,964

Legende zu Tabelle N

Spalte Nr.	Benennung	Stammt aus:	Dimension
1	$v_1 = v_2$	Liste Formelzeichen	m/sec
2	W aus Tab. H	Liste Formelzeichen	kp
3	Würde entspr. $c_{WS\,(H)}$	Liste Formelzeichen	—
4	$L_{\text{verbraucht}}$	Liste Formelzeichen	mkp/sec
5	Übergeschw. $\ddot{u}$	zunächst gewählt	m/sec
6	$v_3 = v_1$ plus $\ddot{u}$	zunächst gewählt	m/sec
7	$v' = \dfrac{v_1 + v_3}{2}$	Liste Formelzeichen	m/sec
8	$\dot{m} = v' \cdot \varrho$ = Massenfl.	Liste Formelzeichen	m^3
9	Ist $S = W = \ddot{u} \cdot \dot{m}$?	Kontrolle für Spalte 5	kp
10	$L_{\text{erford.}} = S \cdot v_1$	Kontrolle für Spalte 4	kp/sec
11	Wirkungsgrad η_{th}	Spalte 4/Spalte 10	—
12	$\dfrac{L_{\text{erford.}\,H}}{L_{\text{erford.}\,N}} =$	lt. Wirklichkeit . . .	—
13		lt. bisheriger Lehre . . .	—

Tabelle H

1	2	3	4	5	6	7	8	9	10	11	12	13	14	15	16	17	18	19	20	21	22	23	24	25
I	1,0	20	0,127	2,54	11,2	0,56	1,0	0	25,0	500	1,28	17,46	226	64	17,6	20,4	11,3	284	510	500	0,980	0,830	15,0	1,75
II	0,98	2,0	0,16	3,20	11,6	0,58	1,0	0	24,4	488	1,45	16,8	205	78,2	16,9	20,1	11,8	286	491	488	0,992	0,825	16,7	1,69
III	0,95	20	0,236	4,70	12,4	0,62	1,0	0	23,8	476	1,54	15,3	182	111	15,5	20,2	12,4	296	478	476	0,986	0,810	17,8	1,60
IV	0,90	20	0,34	6,80	13,2	0,66	1,0	0	22,5	450	1,62	13,2	141	153	13,8	20,6	13,7	310	452	450	0,992	0,840	15,2	1,48
V	0,80	20	0,45	9,00	14,5	0,725	1,0	0	20,0	400	1,81	11,0	111	180	11,1	20,1	14,6	292	403	400	0,991	0,860	13,1	1,37
VI	0,70	20	0,55	11,0	15,5	0,775	1,0	0	17,5	350	1,94	9,0	78,6	192	9,1	20,1	15,7	276	355	350	0,987	0,860	12,7	1,27
VII	0,60	20	0,64	12,8	16,4	0,816	1,0	0	15,0	300	2,04	7,2	53,1	193	7,3	20,1	16,5	248	301	300	0,994	0,886	10,8	1,27
VIII	0,50	20	0,71	14,2	17,1	0,853	1,0	0	12,5	250	2,13	5,8	36,0	178	5,9	20,1	17,6	220	256	250	0,980	0,890	9,0	1,15
IX	0,20	20	0,90	18,0	19,0	0,943	1,0	0	5,0	100	2,37	2,0	4,74	90	2,12	20,2	19,1	95,5	100	100	1,000	0,990	1,0	1,06
X	0,10	20	0,95	19,0	19,5	0,974	1,0	0	2,5	50	2,44	1,0	1,22	44,6	1,03	20,1	19,6	493	50,5	50	0,990	0,980	1,0	1,03
XI	0,00	20	1	20	20	1	1,0	0	0	0	2,52	0	0	0	0	20	20	0	0	0	–	–	–	–

den Gewinn für den Nachstromfall deutlich zu machen, (*H*) (s. Tab. H) kann man das Verhältnis:

$$\frac{L_{\text{erford.}H}}{L_{\text{erford.}N}}$$

über der Widerstandsziffer c_{WS} des Siebes als Ausdruck seiner Gewebedichte auftragen und sieht dann den Gewinn oder Verlust (Abb. 2).

Die reine ideale Theorie ergibt die Kurve 0. In Wirklichkeit dürfen wir natürlich nicht ideale Bedingungen voraussetzen. Wir müssen:

Legende zu Tabelle H

Spalte Nr.	Benennung	Stammt aus:	Dimension
1	Rechnungspunkt	Liste Formelzeichen	—
2	c_{WS}	Liste Formelzeichen	—
3	v_1	Liste Formelzeichen	m/sec
4	$v_2/v_1 = \alpha$	Liste Formelzeichen	—
5	v_2	Liste Formelzeichen	m/sec
6	v'	Liste Formelzeichen	m/sec
7	$\frac{v'}{v_1}$	Liste Formelzeichen	—
8	$F_{\text{Sieb}}/F_{\text{prop}}$	IV (13) und V (15)	m^2
9	W_{form}	Formwid. null gesetzt	kp
10	W	Gesamtwid. Sieb	kp
11	$L_{\text{erforderlich}}$	Liste Formelzeichen	mkp/sec
12	$\dot{m}$ = Massenfluß	$\varrho \cdot F \cdot v'$	$\varrho \cdot m^3$
13	v_{Na} = Nachstromgeschw.	Liste Formelzeichen	m/sec
14	L_{Na} = Nachstromleistg.	Liste Formelzeichen	mkp/sec
15	L für v_2 allein	Bemerk. Verf. zu I, Abs. 6	mkp/sec
16	$\ddot{u}$	Liste Formelzeichen	m/sec
17	v_{3H}	Liste Formelzeichen	m/sec
18	v' (Kontrolle)	s. Spalte 6	m/sec
19	L_{Fahrt}	Liste Formelzeichen	mkp/sec
20	L_{gesamt}	Liste Formelzeichen	mkp/sec
21	$L_{\text{erf.}}$ (Kontrolle)	s. Spalte 11	mkp/sec
22	$\eta_{\text{th}}\, H$	Liste Formelzeichen	—
23	$\eta_{\text{th}}\, N$	Liste Formelzeichen	—
24	$\Delta\eta$	Diff. Sp. 23 gegen 22	%
25	η_1 = Wirkungsgrad	lt. Theorie I	—

1. den BENDEMANNschen Gütegrad ζ des Propellers mit etwa 0,93 berücksichtigen, so daß bei H mit etwa $\eta = 0{,}93$ zu rechnen wäre, und das ändert sich natürlich nicht betr. Leistung über alle die L_H/L_N-Werte des Diagramms. Praktische Wirkungsgrade $\eta_{\text{th}_N} \cdot \zeta$ liegen bei normal guten Propellern in Luft in der Gegend von 0,85, bei sehr guten sind 0,88 erzielt worden. Der Unterschied zugunsten der Nachstrompropulsion würde also 5–10% Gewinn gegenüber Fall N ergeben (Abb. 2, Kurve 1).

2. Auch diesen Betrag erhalten wir jedoch nicht vollständig. Die Nachstrompropulsion bedient sich nur *einer* Stromröhre. Alles was in ihr geschieht, geht zu Lasten oder zum Vorteil des letzten Gliedes unseres Fahrzeuges, des Propellers. Bei H wird mit $v_2 = 0$ auch die dem Propeller zuströmende sekundliche Masse $m = 0$, er kann also gar keinen Schub und keine Leistung mehr abgeben. M. a. W., für jede von ihm verlangte endliche Leistung würde er die Leistung unendlich verzehren (Abb. 2, Kurve 1, asymptotische Weiterführung).

3. Ist die Rückführung auf Druck hinter dem Sieb, da wir keinen Diffusor mit festen Wänden haben, sondern die Verlangsamung und Erweiterung der Stromröhre Luft an Luft mit beträchtlichen Reibungsverlusten geschieht, eine weitere Herabsetzung des Gewinnes der Nachstrompropulsion. Dieser Betrag ist nach den Versuchen der Hamburger Schiffbau-Versuchsanstalt bei $v_2/v_1 = 0{,}58$ gleich 4,8%, in Wasser gemessen bei $R_e \approx 4 \cdot 10^6$; nach meinen Windkanalversuchen, also in Luft, bei $R_e \approx 2 \cdot 10^6$ und $v_2/v_1 = 0{,}55$ gleich 6,0%, so daß wir den oben genannten Gewinn so ziemlich wieder verlieren (Abb. 2, Kurve 3).

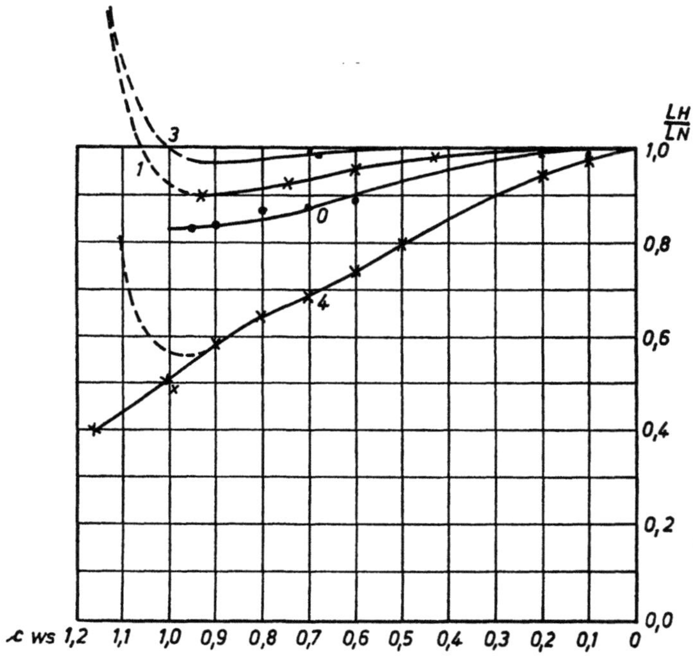

Abb. III; 2. $\frac{L_H}{L_N}$ über c_{WS}-Leistungsverhältnis H zu N.

Die Kurve 4 von Abb. 2 ergibt sich aus (2), führt für den Fall H auf die unglaubhafte „Ersparnis" von 60% gegenüber Fall N, aber diese Ersparnis ist nichts anderes als die Folge des vergessenen Nachstromgliedes. Selbst wenn sie richtig wäre, müßte man auch diese Kurve natürlich bei Annäherung an $v_2/v_1 = 0$ asymptotisch zur Nullachse gehen lassen, wie punktiert angedeutet. Entsprechend Kurve 4 hat man also bisher unrichtig gerechnet.

Im Ganzen ergeben sich zugunsten der Nachstrompropulsion in Luft kaum merkliche Vorteile, wenige Prozent in Teilgebieten der Siebdichte, die aber durch erhebliche Verluste bei größeren Siebdichten erkauft werden. Im Wasser schneidet der Fall H etwas besser ab, weil die Kavitationsgefahr übergroße Blattiefen verlangt und dadurch die Wirkungsgrade für Fall N um etwa 10 Prozenteinheiten tiefer liegen.

In Wirklichkeit, wo natürlich nicht ein Sieb befördert werden soll, treten beim Nachstrom noch die auch Widerstände bewirkenden Einrichtungen hinzu, die die in der Theorie vorausgesetzte genaue Erfassung des gleichen und gleichförmigen Massendurchlaufs durch Sieb und Propeller sicherstellen sollen. Das aber werden sie natürlich auch nicht ideal tun können. Auch haben wir im Fall H ja keine Formwiderstände angesetzt wegen der Unsicherheit über ihre wahren Beträge. Es ist mehr als wahrscheinlich, daß diese die noch übrigen wenigen Prozent Unterschied aufzehren werden, so daß ein für die Praxis merklicher Gewinn der Nachstrompropulsion nicht verbleiben wird, zumal die Optima nur auf ein Gebiet um den Wert $c_{WS} \approx 0{,}9$ beschränkt sind. Abschließend wäre festzustellen:

Nachstrompropulsion ist theoretisch um so viel günstiger als der Normalpropeller, wie es dem Unterschied der beiden Wirkungsgrade $\eta_{th} = 100\%$ und etwa 95% entspricht, also etwa 5%.

An dem einmal eingetretenen Leistungsverbrauch kann weder Nachstrompropulsion, noch irgendeine andere Antriebsart etwas ändern, wenn die von allen Bearbeitern betonte Vorschrift gleichen statischen Außendrucks von Anfang bis Ende des Vorganges eingehalten wird.

Praktisch verschwindet der Gewinn meistens oder reduziert sich auf wenige Prozent. Eine der wichtigsten Erkenntnisse ist aber, daß keine Nachstrompropulsionstheorie, die glaubt, eine Ersparnis bis hinein in die bereits vom Widerstand verbrauchte Leistung bieten zu können, zutreffend sein kann. Nur die beim Antrieb *verlorene* Leistung kann im Prinzip bis auf Null gesenkt werden, aber auch nicht den kleinsten Betrag tiefer.

IIIb. Theorie Verfasser, wie a), aber geschwindigkeitsgeometrisch

Auch hier kann der BETZsche Text 1928 dienen, aber mit geänderter Geschwindigkeitsgeometrie derart, daß Ausfall der Strahlenergie nicht mehr auftreten kann beim Weiterrechnen.

Denken wir uns, um die Verhältnisse quantitativ bequemer übersehen zu können, anstelle des Fahrzeuges ein Sieb, welches der durchfließenden Flüssigkeit Energie entzieht, so daß die Geschwindigkeit derselben vermindert wird. Wir wollen das Sieb zunächst als ruhend annehmen und lassen die Flüssigkeit mit der Geschwindigkeit v_1 dagegen strömen. In einiger Entfernung hinter dem Sieb, wo die Drücke wieder ausgeglichen sind, habe die Flüssigkeit die Geschwindigkeit v_2 (Abb. I; 1). Ist $\dot{m}$ die Masse der Flüssigkeit, welche sekundlich durch das Sieb hindurchtritt, so ist nach dem Impulssatz der Widerstand des Siebes:

$$W = \dot{m}(v_1 - v_2).$$

Wenn wir das Sieb nicht als ruhend ansehen, sondern annehmen, daß es sich mit der Geschwindigkeit v_1 (entgegen der bisher betrachteten Strömungsrichtung) in ruhender Flüssigkeit bewegt, so muß nach unserer letzten Definition die Nutzleistung

$$W \cdot v_1$$

aufgebracht werden. Wir ordnen nun den Propeller so an, daß er gerade die ganze vom Sieb verzögerte Flüssigkeit erfaßt. Um einen Schub gleich dem Widerstand zu erzeugen, muß er nach dem Impulssatz diese Flüssigkeit von der Geschwindigkeit v_2 gerade wieder *auf* die Geschwindigkeit v_1 beschleunigen, nicht nur *um* v_1. Denn dann liefe im System des ruhenden Mediums $\dot{m}$ immer noch mit $v_1 - v_2$ nach vorn. Die Beschleunigung von v_2 (im fahrenden System!) auf v_1 (im fahrenden System!) nach hinten bedeutet ja nicht Stillstand im ruhenden System, da der Anteil des Nachstroms an der Fahrt v_1 (im ruhenden System!) ja aus $(v_1 - v_2)$ nach vorn bestand, wozu der Propeller nur v_2 (*seine* Anströmung!) beisteuern konnte. Dadurch entstand im ruhenden System eben v_1 nach vorn (Abb. III; 3 unten). $(v_1 - v_2)$ war für die Fahrt *helfend* tätig. Wenn aber das Fahrzeug mit seinem Propeller v_1 nach hinten entsendet in die ihn umgebende, mit weiterhin $(v_1 - v_2)$ nach vorn schreitende Masse, entsteht im ruhenden System nach *hinten* nur $v_1 - (v_1 - v_2)$.

Vom fahrenden System muß also nicht nur v_1, sondern $v_1 + (v_1 - v_2)$ nach hinten ausgestoßen werden, damit die Masse im ruhenden System zur Ruhe kommt. $(v_1 - v_2)$ ist für die Strahlerzeugung nach hinten

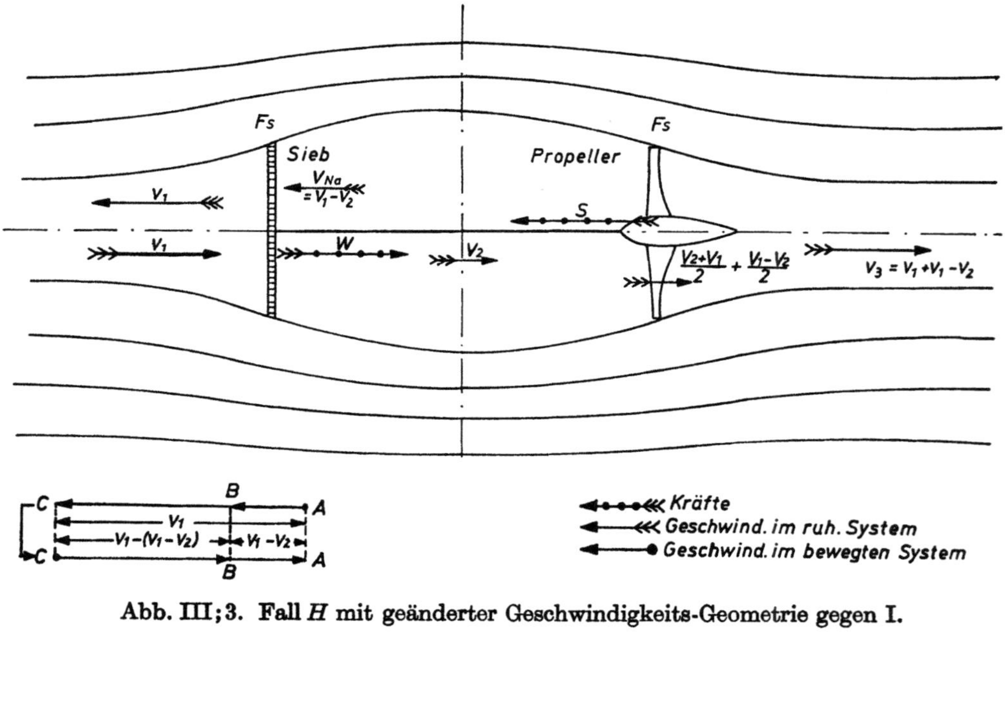

Abb. III; 3. Fall *H* mit geänderter Geschwindigkeits-Geometrie gegen I.

hemmend tätig; es hat ja seine Richtung nicht gewechselt. Wir können auch sagen, wir müssen den Strahl nach vorn, Nachstrom genannt, durch den Strahl des Propellers, nach hinten gerichtet, wieder aufheben. Nur dann ist bei v_1 der Widerstand des Ganzen Null (D'ALEMBERT, 1770).

Der Propeller hat also im Fahrzeug erstens dem W einen Schub S entgegenzusetzen, und zweitens eine Strahlgeschwindigkeit von $v_1 + v_1 - v_2$ nach hinten zu erzeugen, und zwar von v_2 ausgehend, da er in v_2 arbeitet. Nach FROUDE-RANKINE ist ihm dazu an der Welle zuzuführen:

$$L_{\text{erford.}} = S \cdot \frac{v_2 + (v_1 + v_1 - v_2)}{2} = S \cdot \left(\frac{v_1 + v_2}{2} + \frac{v_1 - v_2}{2}\right)$$

und er gibt dafür ab:

$$L_{\text{gelief.}} = S \cdot v_1 = W \cdot v_1 .$$

Damit ist die aufgewendete Leistung an der Welle gleich der vom Sieb verbrauchten. Das Medium ruht wirklich wieder, keine kinetische Energie ist verloren, $\eta_{\text{th}} = 1$, aber nicht mehr. Eine Ersparnis für H kann also stets nur der Unterschied eines $\eta_{\text{th}\,N}$ gegen $\eta_{\text{th}\,H} = 1$ sein. Wir haben also das gleiche Ergebnis wie in den Bemerkungen zur Theorie I, Betz.

Bemerkung des Verfassers zu Theorie III b

Wir brauchen nur L_{gesamt} zu schreiben:

$$W \cdot \left(\frac{v_2 + v_1}{2} + \frac{v_1 - v_2}{2}\right)$$

um zu sehen, daß Theorie III a mit Theorie III b das gleiche ergibt. Theorie III b bietet aber einen Anschauungsvorteil für den Vorgang: In Wirklichkeit kann in einer Propellerebene ja nur eine einzige Geschwindigkeit bestehen:

$$v' = \frac{(v_2 + v_1) + (v_1 - v_2)}{2} .$$

Nur rechnerisch erscheint sie bei III a in zwei getrennten Zählern (vgl. Abb. III; 3 a).

III c. Theorie Verfasser, wie a), mit Zahlenbeispiel

Wir ziehen ein Drahtgeflecht, ein kreisförmiges Sieb von 1 m² Fläche mit 9,62 m/sec = v_1 durch die Luft und stellen in dem Zugseil 3,36 kp = W als Zugkraft fest. Wir haben also L_{gesamt} = 32,1 mkp/sec als Leistung $L_{\text{erford.}}$ verausgabt. Wir *brauchten* diese Leistung = $W \cdot v_1$, eine Leistung die durch keinerlei Maßnahmen, dem Energiesatz entsprechend, unterschritten werden kann. Jetzt wollen wir hinter dem Sieb, wo nur noch 5,38 m/sec = v_2 festgestellt werden, mit einem Propeller schieben, statt mit einem Zugseil zu ziehen (Fall Hintereinander, *H*). Es sind dann nach einer schon 38 Jahre alten BETZschen Feststellung an der Welle des Propellers, wenn wir von allen dissipativen Verlusten und vom Formwiderstand absehen, auch nur 32,1 mkp/sec notwendig, da die Propulsion infolge Gleichheit der vorn vom Sieb veranlaßten Geschwindigkeitserniedrigung und der hinten vom Propeller wieder hervorgerufenen Geschwindigkeitserhöhung keine verlorenen kinetischen Energien im sonst ruhenden Medium hinterläßt. Das hat zur Folge, daß der Wirkungsgrad der Gesamtanordnung 1 wird.

Wir müssen nur dafür sorgen, z. B. durch Fadengitteraufnahme, daß die Stromröhrengrenze, so gut das bei der Verwirbelung möglich ist, durch die Propellerspitzen geht (Abb. I; 1).

Wollen wir dasselbe machen, indem wir den Propeller neben das Sieb setzen (Fall Nebeneinander, *N*), so erhalten wir nach vielfacher Erfahrung und auch der üblichen BENDEMANN-Rechnung ein $\eta_{\text{theor.}}$ von 0,82; wir hätten jetzt also aufzuwenden 32,1/0,82 = 39,3 mkp/sec oder rund 20% mehr als bei *H*. Das ist nicht bei jeder Siebdichte so. Bei sehr dichten Sieben ist der Fall *N* besser, bei sehr dünnen geht der Unterschied schließlich gegen Null.

Von einer manchmal behaupteten Ersparnis von 60% kann nicht die Rede sein, schon deshalb nicht, weil bei N gegenüber *H* nur noch 18% von 100 fehlen, auf welche einfache Tatsache nur selten hingewiesen zu sein scheint.

Insoweit ist gar keine Problematik vorhanden. Es handelt sich um ein physikalisches Experiment mit ganz klaren Ergebnissen. Anders wird es erst, wenn wir das Ergebnis vorweg rein rechnerisch zu erhalten suchen.

Bisher sagte man, der Leistungsverbrauch des Propellers sei im Fall *H*:

$$L_{\text{erford.}} = W \cdot \frac{v_1 + v_2}{2}\,; \tag{1}$$

er würde in unserem Falle also angegeben worden sein mit:

$$L_{\text{erford.}} = 3{,}36 \cdot \frac{9{,}62 + 5{,}88}{2} = 25{,}2 \text{ mkp/sec},$$

was offensichtlich beträchtlich zu wenig ist, da wir 32,1 mkp/sec unzweifelhaft festgestellt hatten.

Würden wir das kleinere Ergebnis akzeptieren, so hätten wir – rechnerisch – aus weniger Leistung mehr gemacht. Es braucht kaum gesagt zu werden, daß dieses Ergebnis niemals hätte anerkannt werden dürfen. Bis heute ist das aber geschehen und wird hartnäckig verteidigt, obwohl man erkennt, daß eine Ungleichung vorliegt:

$$W \cdot \left(\frac{v_1}{2} + \frac{v_1}{2}\right) \neq W \cdot \left(\frac{v_1}{2} + \frac{v_2}{2}\right). \tag{2}$$

Wir wollen der Ursache nachgehen. Zieht man irgendeinen Körper durch die Luft, so ist das nicht möglich, ohne auch Luft mitzubewegen. Wir haben also mit $W \cdot v_1$ den Widerstand W um v_1 fortbewegt je Sekunde, was:

$$W \cdot \frac{v_1 + v_2}{2}$$

kostet, und was wir als „Fahrleistung" L_F bezeichnen wollen. Das wird auch durch Umkehrung der FROUDE-RANKINEschen Propellertheorie auf Leistungs*verbrauch* richtig angegeben. Wir haben aber *außerdem* auch einer sekundlichen Luftmasse $\dot{m}$ eine Geschwindigkeit $v_1 - v_2$ erteilt, was die Leistung:

$$\dot{m}\,\frac{(v_1 - v_2)^2}{2}$$

erfordert.

Für den Ingenieur war und ist das letzte Glied „hinausgeworfenes Geld", gewissermaßen ein Tribut an die Naturgesetze, der gezahlt werden muß, um die *gewünschte* Wirkung, die Fahr-, Schub- oder Nutzleistung überhaupt zu erhalten. Er wäre nicht vorhanden, wenn Wasser oder Luft eine feste Mutter bilden könnten und nicht nach hinten ausweichen würden.

Wir haben also eine Analogie zu thermodynamischen Prozessen: Wir können aus Wärme nur mechanische Leistung erhalten, wenn wir einen Teil der Wärme wieder als Wärme aus dem Prozeß abführen, also verloren geben im Sinne menschlichen Nützlichkeitsdenkens.

Keineswegs ist sie aber im Sinne des Gesetzes der Erhaltung der Energie „verloren". Und ein „ordentlicher Buchhalter von Leistungsbilanzen", wie BUSEMANN es genannt hat, darf sie nicht aus seinen Büchern verlieren. Er schrieb einmal, er pflege in der Vorlesung seine Studenten absichtlich bis an die „Gleichung" (2) zu führen, so daß sie selbst erkennen, daß sie keine ist, und erst dann zu zeigen, wie man die Leistungsbilanz in der „Buchhaltung" wieder in Ordnung bringe! Dieses Vorgehen bleibe ihnen besser haften, als wenn man gleich die richtige Lösung vortrage. Man sollte meinen, jedem Menschen mit Grundkenntnissen in Algebra und Physik müßte das auch einleuchten.

Obgleich jedermann einsieht, wenn jemand ihm sagt, er heize sein Zimmer mit täglich 20 kp Kohlen oder 10 l Öl, daß diese Behauptung *nicht* einschließt, alle Kalorien dieser Brennstoffe verblieben in seinem Zimmer, vielmehr eine Menge davon in den Schornstein ginge, ist diese Einsicht im Falle der Nachstrompropulsion für den Strahlverlust im Laufe von fast 4 Jahren vielen Fachgenossen noch nicht aufgegangen, und sie bekämpfen sie.

Sie sehen nicht, daß obige Aussage durchaus wahr sein kann, aber doch nicht ausschließt, daß von der erzeugten Wärme ein großer Teil im menschlichen Sinne „verloren" ist. Im Sinne der Physik kann sie nicht verloren sein. Sie hat die Außenluft über dem Hause geheizt. Die Physik kümmert sich nicht darum, ob der Bewohner das wollte oder nicht. Ein guter Heizungsingenieur kann ihm jedoch, ziemlich genau sogar, sagen, wieviel er verliert.

Froude und Rankine haben dem Schiffbauer gesagt, wieviel Leistung er für einen bestimmten Schiffswiderstand und eine bestimmte Geschwindigkeit an der Propellerwelle aufwenden müsse. Wahrheitsgemäß gesagt! Sie haben ihm aber auch gleich dabei gesagt, wieviel davon für *ihn* verloren sei, wie es oben der Heizungsingenieur tat. Der Strahlverlust entspricht durchaus dem Schornsteinverlust. Oder sie haben ihm einen Wirkungsgrad genannt, mit dem er die „Brutto"-Leistung multiplizieren müsse, um die für ihn allein wichtige „Netto"-Leistung zu erhalten.

IIId. Theorie Verfasser, wie a), nur über Geschwindigkeiten, mit Beispiel Fallschirmspringer

Im Nachstrom durften wir die gelieferte mechanische Leistung bisher nur mit $S \cdot v_2$ ansetzen, da die Anströmung des Propellers nur mit v_2 erfolgt. Mehr war aber auch nicht nötig wegen der Bewegung mit $v_1 - v_2$ der Luftmasse nach vorn, da dann gegenüber dem ruhenden Medium des Außenraumes $(v_1 - v_2) + v_2 = v_1$ entstand. Somit war der Fahrleistung $S \cdot v_1$ Genüge getan.

Andererseits muß der Propeller zunächst die nach vorn eilende, vom Sieb angetriebene Masse, in der er arbeitet, stoppen, nämlich von $v_1 - v_2$ auf Null im Außenraum bringen, m. a. W. den Einfluß des Siebes im fahrenden System, v_2, fortschaffen (was ein Normalpropeller nicht zu tun braucht, da er das Medium ruhend vorfindet!). Dann erst kann er es, wie ein Normalpropeller, auf v_1 beschleunigen.

Zusammen hat er also, von v_2 ausgehend, auf $v_1 + (v_1 - v_2)$ zu beschleunigen, was:

$$S \cdot \frac{v_2 + (v_1 + v_1 - v_2)}{2}$$

an Leistung kostet, und was wir schreiben können:

$$L_{\text{erford.}} = S \cdot \frac{v_1 + v_2}{2} + \frac{v_1 - v_2}{2}$$

oder auch sofort:

$$L_{\text{erford.}} = S \cdot \frac{2\,v_1}{2} = S \cdot v_1 \,.$$

Also auch ohne über die kinetische Energie der Strahlen zu gehen, können wir allein aus den Geschwindigkeiten und dem ohnehin gegebenen Schub, die erforderliche Leistung des Propellers im Nachstrom gewinnen.

Wir können es auch daran leicht erkennen: $S \cdot v_1$ *müssen* wir haben. Wir konnten aber nur $S \cdot v_2$ bekommen in der Anströmung v_2; es fehlt uns also $v_1 - v_2$ an der Geschwindigkeit, d. h. aber in Propellerebene fehlt uns:

$$\frac{v_1 - v_2}{2}.$$

Wir müssen also aufwenden:

1. was wir an einem Normalpropeller in v_2 auch aufzuwenden hätten, nämlich:

$$S \cdot \frac{v_2 + v_3}{2}$$

und

2. dazu:

$$S \cdot \frac{v_1 - v_2}{2},$$

und da wieder $v_3 = v_1$ ist, erhalten wir:

$$L_{\text{erford.}} = S \cdot \left(\frac{v_2 + v_1}{2} + \frac{v_1 - v_2}{2}\right).$$

Weil also das Gleiche herauskommt, wie der Siebverbrauch, finden wir wieder $\eta_{\text{th}} = 1$.

Es läßt sich also auch ohne Einführung der kinetischen Energie des Strahles im Nachstrom (nach vorn) allein aufgrund der Betrachtung der Geschwindigkeiten die erforderliche Leistung des Propellers für die Siebvorwärtsbewegung angeben.

Auch dabei wird klar, daß zwar die Fahrt des Fahrzeuges im Nachstrom vorteilhaft ist, aber für das Zurruhebringen des Mediums dann eine höhere Leistung nötig ist, um v_1 hinten ausstoßen zu können. Das eine spart Leistung, das andere erfordert eine Mehrleistung. Beide sind gleich. Nämlich $W \cdot (v_1 - v_2)$ wird gespart durch die „Mitfahrt", und schließlich muß $S \cdot (v_1 - v_2)$ wieder zur Aufhebung des Nachstroms hinzugegeben werden. Also wahrer Gewinn entsteht nur durch das $\eta_{\text{th}} = 1$.

Einen sehr einfachen, anschaulichen und überraschenden Beweis für das, was wir in den Theorien III a bis d gefunden haben, bietet das nachfolgende Beispiel eines Fallschirmspringers, zumal hier gar keine Komplikation durch einen Propeller eingeht. Es handelt sich aber auch hier um einen verlustlosen Antrieb mit $\eta = 1$. Die Schwerkraft liefert die Schleppleistung (Abb. 4)

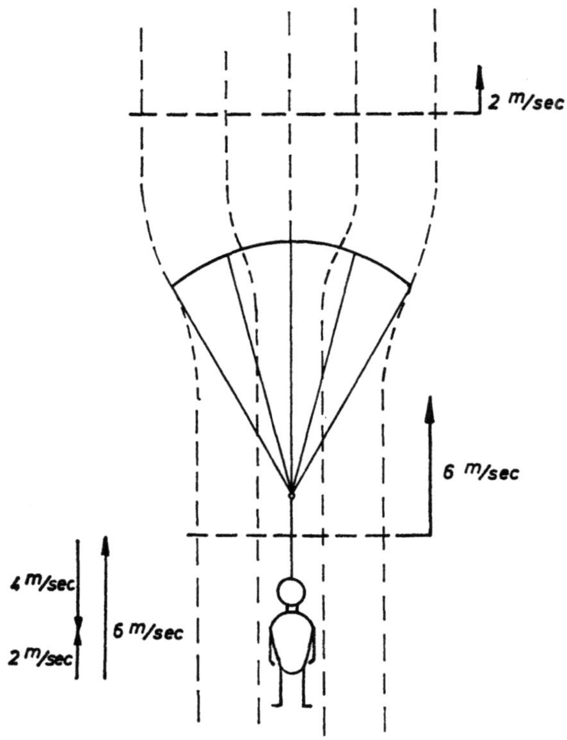

Abb. III;4. Fallschirmspringer.

Fallschirmspringer

Ein Fallschirmspringer von $G = 100$ kp mit Schirm sinkt mit $v_1 = 6$ m/sec. Oberhalb seines Schirmes stellt ein Meßgerät eine mittlere Luftgeschwindigkeit von $v_2 = 2$ m/sec infolge der Durchlässigkeit des Stoffes fest (natürlich nachdem Strahl parallel geworden!). – Daß $W = G$ werden muß, ist selbstverständlich. Dann leistet die Schwere an ihm ganz unzweifelhaft:

$$L_S = 600 \text{ mkp/sec.}$$

Nach der bisherigen Nachstromlehre aber würde er nur benötigen:

$$L_S = W \cdot \frac{v_1 + v_2}{2} = 100 \cdot \frac{6 + 2}{2} = 400 \text{ mkp/sec.}$$

Wäre der Fallschirm *kleiner*, aber dichter, so daß der Springer auch hierbei mit 6 m/sec sinken würde, und oberhalb herrschten nur $v_2 = 0{,}2$ m/sec, so würde die bisherige Lehre sagen:

$$L_S = 100 \cdot \frac{6 + 0{,}2}{2} = 310 \text{ mkp/sec.}$$

Verf. fand, daß sein müsse (s. III)

$$\text{für } v_2 = 2 \cdots\cdots L_S = G \cdot \left(\frac{v_1 + v_2}{2} + \frac{v_1 - v_2}{2}\right) = 100\left(\frac{8}{2} + \frac{4}{2}\right)$$

$$= 600 \text{ mkp/sec.}$$

$$\text{für } v_2 = 0{,}2 \cdots\cdots L_S = G \cdot \left(\frac{v_1 + v_2}{2} + \frac{v_1 - v_2}{2}\right) = 100\left(\frac{6{,}2}{2} + \frac{5{,}8}{2}\right)$$

$$= 600 \text{ mkp/sec.}$$

Da wohl niemand wird behaupten wollen, daß für eine waagerechte Bewegung andere Gesetze gelten als für eine senkrechte, so ist die bisherige Lehre über den Nachstrom unrichtig.

Die Schwere muß nämlich nicht nur den Durchdringungswiderstand mal der Mittelgeschwindigkeit im Stoff leisten, sondern außerdem eine Masse $\dot{m}$ = Fallschirmfläche · Luftdichte · $(v_1 - v_2)$ nach unten beschleunigen, so daß im Ganzen wird:

$$L_S = W \cdot \left(\frac{v_1 + v_2}{2}\right) + \dot{m} \cdot \frac{(v_1 - v_2)^2}{2},$$

oder mit dem Impulssatz:

$$L_S = G \cdot \left(\frac{v_1 + v_2}{2} + \frac{v_1 - v_2}{2}\right),$$

wie oben.

IVa. Theorie N. N.

Auch diese Theorie folgt in ihren allgemeinen Richtlinien denjenigen von I, Betz. Der Bearbeiter benutzt statt unserer Bezeichnung v' für die Geschwindigkeiten in Sieb- und Propellerebene v_S und v_P, und für die Drücke die Bezeichnungen seiner Abb. 1, was Verf. beibehalten hat, da er zugesagt hatte, außer Beseitigung von Namen nichts weiter zu ändern. Der Bearbeiter schreibt:

Es handelt sich dabei um ein idealisiertes Fahrzeug, das lediglich aus einem Widerstand liefernden Sieb und einem Schub erzeugendem Propeller besteht, und um den Leistungsgewinn, der durch Hintereinander-Anordnung des Siebes und des Propellers gegenüber einer Nebeneinander-Anordnung der beiden Aggregate erreichbar ist. A. Betz hat schon 1928 auf diese Möglichkeit aufmerksam gemacht. Die Theorie I gibt bereits einen Leistungsvergleich für beide Anordnungen, wie er sich aus der sog. einfachen Strahltheorie errechnen läßt. IIIa, Verf., kommt aufgrund von Energievergleichen zu dem Schluß, daß kein Gewinn der Hintereinander-Anordnung besteht.

Um alle Unklarheiten zu vermeiden und auch einem mit der Materie weniger vertrauten Leser die Möglichkeit einer Nachprüfung zu bieten sollen die beiden Fälle hier ganz kurz noch einmal analytisch behandelt werden. Man ersetzt sowohl das Sieb als auch den Propeller durch eine Scheibe, an der ein Drucksprung auftritt. Beim Durchgang durch das Sieb (in Strömungsrichtung) tritt ein unstetiger Druckabfall, beim Durchgang durch den Propeller ein unstetiger Druckanstieg auf. Die Druckverteilungen über der Sieb- und über der Propellerfläche werden dabei als konstant angenommen. Wir haben es also gewissermaßen mit einer eindimensionalen Theorie zu tun, bei der die Geschwindigkeit und der Druck im Strahl nur Funktionen der Koordinate in Strahlrichtung sind. Außerhalb des Strahls herrschen die Verhältnisse der ungestörten Anströmung. Sowohl bei der Nebeneinander- als auch bei der Hintereinander-Anordnung sollen Sieb und Propeller so weit auseinanderliegen, daß die beiderseitigen Druckfelder sich nicht beeinflussen.

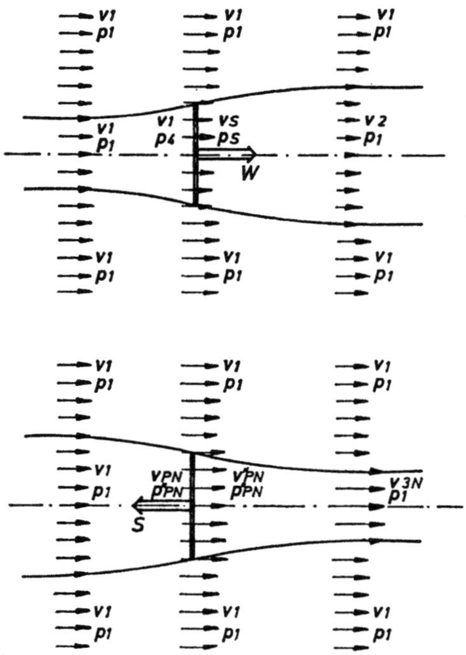

Abb. IV; 1. Fall N.

Für die *Nebeneinander*-Anordnung ergibt sich mit den Bezeichnungen von Abb. 1 (Sieb und Propeller ruhen und werden mit der Geschwindigkeit v_1 angeströmt) aus der BERNOULLIschen Gleichung vor dem Sieb: $$p_1 + \frac{\varrho}{2} v_1^2 = p_S' + \frac{\varrho}{2} v_S^2 \qquad (1)$$

hinter dem Sieb: $$p_S + \frac{\varrho}{2} v_S^2 = p_1 + \frac{\varrho}{2} v_2^2 \qquad (2)$$

vor dem Propeller: $$p_1 + \frac{\varrho}{2} v_1^2 = p_{PN}' + \frac{\varrho}{2} v_{PN}^2 \qquad (3)$$

hinter dem Propeller: $$p_{PN}'' + \frac{\varrho}{2} v_{PN}^2 = p_1 + \frac{\varrho}{2} v_{3N}^2 . \qquad (4)$$

In Abb. 1 und den folgenden Abbildungen sind die Strahlgrenzen, wie es allgemein üblich ist, entsprechend der Kontinuitätsbedingung (Geschwindigkeit · Querschnittsfläche = const.) eingezeichnet. Die radialen Geschwindigkeitskomponenten bleiben aber in der einfachen Strahltheorie unberücksichtigt. Diese Theorie kann daher nur für relativ kleine Veränderungen des Strahlquerschnitts Gültigkeit beanspruchen.

In den Gleichungen (3) und (4) sind alle Größen, die sich durch eine andere Anordnung des Propellers relativ zum Sieb ändern könnten, durch den zusätzlichen Index N (= Nebeneinander) gekennzeichnet. Die Druckdifferenzen betragen

am Sieb: $$\Delta p_S = p_S'' - p_S' = \frac{\varrho}{2} (v_2^2 - v_1^2) \qquad (5)$$

am Propeller: $$\Delta p_{PN} = p_{PN}'' = p_{PN}' = \frac{\varrho}{2} (v_{3N}^2 - v_1^2) \qquad (6)$$

Daraus gewinnt man

den Widerstand des Siebs: $$W = -F_S \Delta p_S = \frac{\varrho}{2} F_S (v_1^2 - v_2^2) \qquad (7)$$

und den Schub des Propellers: $$S = F_P \Delta p_{PN} = \frac{\varrho}{2} F_P (v_{3N}^2 - v_1^2). \qquad (8)$$

Für beide Kräfte liefert der Impulssatz folgende Beziehungen:

$$W = \varrho F_S V_S (v_1 - v_2) \qquad (9)$$

$$S = \varrho F_P V_{PN} (v_{3N} - v_1). \qquad (10)$$

Aus den Gleichungen (7) und (9) ergibt sich

$$v_S = \frac{1}{2} (v_1 + v_2), \qquad (11)$$

und ebenso aus den Gleichungen (8) und (10)

$$v_{PN} = \frac{1}{2} (v_{3N} + v_1). \qquad (12)$$

Soll unser aus Sieb und Propeller bestehendes Fahrzeug sich mit der Geschwindigkeit $-v_1$ durch das ruhende Medium bewegen, so muß $W=S$ sein. Daraus folgt, wenn wir Gleichheit der Querschnittsflächen F_S und F_P annehmen $(= F)$:

$$v_{3N}^2 + v_2^2 = 2\, v_1^2 \tag{13}$$

Die vom Propeller aufzubringende Leistung beträgt nach dem Energiesatz:

$$L_{\text{Aufw.}N} = \varrho\, F\, v_{PN} \cdot \frac{1}{2}\,(v_{3N}^2 - v_1^2)$$

$$= \varrho\, F \cdot \frac{1}{4}\,(v_{3N} + v_1)\,(v_{3N}^2 - v_1^2). \tag{14}$$

Betrachten wir nunmehr die *Hintereinander*-Anordnung entsprechend Bild 2, so bleiben alle Beziehungen für das Sieb allein unverändert. Die Beziehungen für den Propeller müssen aber neu aufgestellt werden. Wir erhalten statt der Gleichungen (3) und (4)

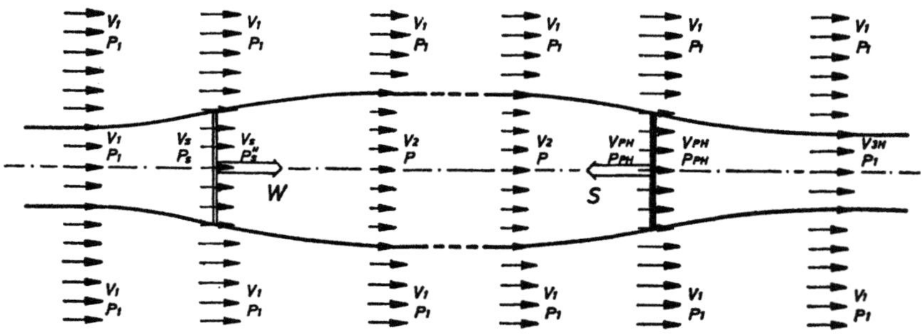

Abb. IV; 2. Fall *H*.

vor dem Propeller: $$p_1 + \frac{\varrho}{2}\,v_2^2 = p'_{PH} + \frac{\varrho}{2}\,v_{PH}^2 \tag{3'}$$

hinter dem Propeller: $$p''_{PH} + \frac{\varrho}{2}\,v_{PH}^2 = p_1 + \frac{\varrho}{2}\,v_{3H}^2 \tag{4'}$$

statt der Gleichungen (6) und (8)

$$\Delta\, p_{PH} = p''_{PH} - p'_{PH} = \frac{\varrho}{2}\,(v_{3H}^2 - v_2^2) \tag{6'}$$

$$S = F_P\, \Delta p_{PH} = \frac{\varrho}{2}\, F_P\,(v_{3H}^2 - v_2^2) \tag{8'}$$

statt Gleichung (10)

$$S = \varrho\, F_P\, v_{PH}\,(v_{3H} - v_2) \tag{10'}$$

und daraus statt Gleichung (12)

$$v_{PH} = \frac{1}{2}(v_2 + v_{3H}). \tag{12'}$$

Der Schub S muß auch jetzt gleich dem Widerstand W sein (aus diesem Grunde war es nicht nötig, zwischen S_N und S_H zu unterscheiden):

$$\frac{\varrho}{2} F_S (v_1^2 - v_2^2) = \varrho F_P v_{PH} (v_{3H} - v_2)$$

$$= \frac{\varrho}{2} F_P (v_2 + v_{3H}) (v_{3H} - v_2)$$

$$S = \frac{\varrho}{2} F_P (v_{3H}^2 - v_2^2);$$

wenn wir wieder Gleichheit der Querschnittsflächen F_S und F_P voraussetzen, so folgt

$$v_{3H} = v_1 \tag{13'}$$

d. h. hinter unserem Fahrzeug (= Sieb + Propeller) haben wir überall die ungestörte Anströmgeschwindigkeit v_1.

Die jetzt vom Propeller aufzuwendende Leistung ergibt sich aus

$$L_{\text{Aufw.}H} = \varrho F v_{PH} \frac{1}{2} (v_1^2 - v_2^2)$$

$$= \varrho F \cdot \frac{1}{4} (v_2 + v_1) (v_1^2 - v_2^2). \tag{14'}$$

Vergleichen wir nunmehr die aufzuwendenden Leistungen $L_{\text{Aufw.}H}$ und $L_{\text{Aufw.}N}$ miteinander, so erhalten wir:

$$\frac{L_{\text{Aufw.}H}}{L_{\text{Aufw.}N}} = \frac{(v_2 + v_1)(v_1^2 - v_2^2)}{(v_{3N} + v_1)(v_{3H}^2 - v_1^2)} \tag{15}$$

und unter Berücksichtigung von Gleichung (13) und unter Einführung von $\alpha = v_2/v_1$.

$$\frac{L_{\text{Aufw.}H}}{L_{\text{Aufw.}N}} = \frac{1 - \alpha}{1 + \sqrt{2 + \alpha^2}}. \tag{16}$$

Das Verhältnis α läßt sich auch durch den Belastungsgrad

$$c_S = \frac{S}{\frac{1}{2} \varrho v_1^2 F} \tag{17}$$

ausdrücken. Man erhält

$$\alpha^2 = 1 - c_S \tag{18}$$

und

$$\frac{L_{\text{Aufw.}H}}{L_{\text{Aufw.}N}} = \frac{1 + \sqrt{1 - c_S}}{1 + \sqrt{1 + c_S}}\,. \tag{19}$$

Die Formel (16) liefert den im Bild 3 angegebenen Leistungsgewinn bis zu 40% desjenigen bei N herab. Allerdings muß hier angemerkt werden, daß im Grenzfall $\alpha = 0$ die einfache Strahltheorie sicherlich nicht mehr als gültig betrachtet werden kann und daß auch für kleine α (große c_S) mit beträchtlichen Abweichungen von den theoretischen Ergebnissen zu rechnen ist. In Abb. 3 sind deshalb alle Kurven für den Bereich $\alpha < 0{,}6$ (entsprechend $c_S > 0{,}64$) nur gestrichelt eingetragen.

Im Gegensatz zu dem Ansatz (14′) für die vom Propeller aufzubringende Leistung fordert Theorie III offenbar, daß dem Propeller hinter dem Sieb mindestens die Leistung $W \cdot v_1$ zugeführt wird, da das vorangehende

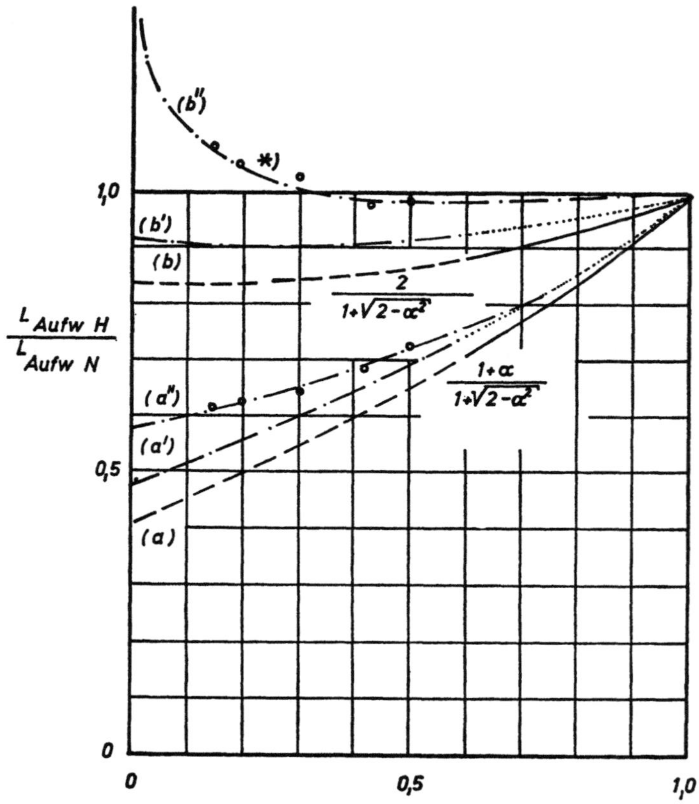

Abb. IV; 3. Kurven der Leistungsgewinne.

Sieb ja diese Leistung „verbraucht“ habe und deshalb eine geringere Leistung am Propeller unter keinen Umständen möglich sei. Folgt man dieser Auffassung, so erhält man für die aufzuwendende Leistung statt Gleichung (14'):

$$L''_{\text{Aufw.}H} = W \cdot v_1 = S \cdot v_1. \tag{14''}$$

Der Leistungsvergleich liefert dann:

$$\frac{L''_{\text{Aufw.}N}}{L_{\text{Aufw.}H}} = \frac{2}{1+\sqrt{2-\alpha^2}}. \tag{16''}$$

Abb. 3 zeigt den Vergleich der Formeln (16) und (16''). Man erkennt zunächst, daß in *beiden* Fällen ein Leistungsgewinn durch die Hintereinander-Anordnung von Sieb und Propeller gegenüber der Nebeneinander-Anordnung erzielt wird. Die in (III) aufgestellte Behauptung, daß „kein Gewinn der Hintereinander-Anordnung besteht“, kann demnach sicherlich nicht aufrecht erhalten werden.

Es bleibt darüber hinaus aber die Unstimmigkeit, die in den Formeln (16) und (16'') und in den Kurven in Abb. 3 zum Ausdruck kommt, bestehen. Daran ändert sich auch nicht viel, wenn man statt der einfachen Strahltheorie die „erweiterte Strahltheorie“ (6) zu Rate zieht. Berücksichtigt man nach dieser Theorie außer den axialen Verlusten auch noch Verluste durch Strahldrehung und durch den Profilwiderstand, so erhält man für den Wirkungsgrad des Propellers

$$\eta = \underbrace{\frac{2}{1+\sqrt{1+c_S}}}_{\eta_a} \cdot \underbrace{\left(1-\frac{1}{2}c_S\,\lambda^2\right)}_{\eta_u} \cdot \underbrace{\frac{1-\varepsilon\dfrac{\lambda}{\eta_i}}{1+\dfrac{2}{3}\varepsilon\cdot\dfrac{\eta_i}{\lambda}}}_{\zeta}, \tag{20}$$

während die einfache Strahltheorie nur η_a liefert. Hier bedeuten λ den Fortschrittsgrad, $\eta_i = \eta_a \cdot \eta_u$ den idealen Wirkungsgrad (mit $\varepsilon = 0$), ε die Profilgleitzahl und ζ einen entsprechenden Gütegrad.

Vergleicht man im Falle der Nebeneinander- und Hintereinander-Anordnung Luftschrauben gleicher Drehzahl, so erhält man für η_u keinen Unterschied zwischen den beiden Anordnungen. Der Gütegrad ζ wird bei Nebeneinander-Anordnung günstiger als bei Hintereinander-Anordnung. Mit $\lambda_N = 0{,}2$ $(\lambda_H = \alpha \cdot \lambda_N)$ und $\varepsilon = 0{,}05$ erhält man in Abb. 3 die Kurve (a') statt Kurve (a); der große Leistungsgewinn durch Hintereinander-Anordnung von Sieb und Propeller wird also durch die Berücksichtigung der Profilgleitzahl nur unwesentlich verringert.

Der Unterschied von IIIa, Focke, und II besteht in den Ansätzen (14') und (14'') für die vom Propeller bei Hintereinander-Anordnung aufzubringende Leistung. In Abb. 4a und 4b sind für einen Propeller zwei Strömungsbilder gegenübergestellt, die innerhalb des Strahles völlig gleich sind, sich außerhalb des Strahles nur durch die Geschwindigkeiten unterscheiden (v_1 in Abb. 4a, v_2 in Abb. 4b). Über die für den Schub S aufzuwendende Leistung im Falle 4b sind sich IIIa und II offensichtlich einig, nicht aber im Falle 4a, der den Verhältnissen von Abb. 2 entspricht. Nach II – und IVa stimmt hierin zu – besteht im Rahmen der einfachen Strahltheorie kein Anlaß, bei der Berechnung der aufzuwendenden Leistung zwischen 4a und 4b einen Unterschied zu machen. III bestreitet die Gleichsetzung.

IVa hat den Eindruck, daß in der Gegenüberstellung der Strömungsbilder in Abb. 4 die gegenteilige Auffassung von III und II deutlich zum Ausdruck kommt. Es besteht kein Zweifel daran, daß II sich in Übereinstimmung mit anderen Autoren zu diesem Fragenkomplex befindet.

Bemerkungen des Verfassers zu IVa

Diese Theorie läßt nun ein anderes Glied der Strahltheorie aus, als bei Theorie I, Betz vorkam, das dort ausdrücklich anfangs vermerkte:

$$W \cdot v_1,$$

das unbedingt geleistet werden müsse. Gleich anfangs (s. I) hätte daran gedacht werden müssen, daß des Propellers eigentlicher Zweck ist, dem $W \cdot v_1$ sein $S \cdot v_1$ entgegenzusetzen. Wir sollen das Sieb doch vorwärts treiben, was eben $W \cdot v_1$ kostet. IV hat einen angeblasenen Ventilator im Stand gerechnet, der keine Leistung $W \cdot v_1$ ergeben kann, weil er fest sitzt, also sein v_1 Null ist. Man verfolgt so nur die Strömung durch Sieb und Propeller mittels der Bernoulli-Gleichung, nicht die vom Propeller verlangte Fahrleistung oder Nutzleistung. Rechnerisch gesprochen springt die Bernoulli-Konstante bekanntlich beim Durchtritt durch die treibende Scheibe „Propeller" unstetig höher, im Sieb fällt sie vorher entsprechend ab.

Natürlich ist es erlaubt, das Bild des Windkanals beizubehalten und sich vorzustellen, der Haken der Widerstandswaage eile mit v_1 nach vorwärts durch ruhende Luft. Die sich dann ergebende Leistung $S \cdot v_1 = W \cdot v_1$ gehört selbstverständlich in die Leistungsbilanz und wir können den Text leicht entsprechend ändern wie folgt:

Man ersetzt sowohl das Sieb als auch den Propeller durch eine Scheibe, an der ein Drucksprung auftritt. Beim Durchgang durch das Sieb (in Strömungsrichtung) tritt ein unstetiger Druckabfall, beim Durchgang durch den Propeller ein unstetiger Druckanstieg auf. Die Druckverteilungen über der Sieb- und über der Propellerfläche werden dabei als konstant angenommen. Wir haben es also gewissermaßen mit einer eindimensionalen Theorie zu tun, bei der die Geschwindigkeit und der Druck im

Strahl nur Funktionen der Koordinate in Strahlrichtung sind. Außerhalb des Strahls herrschen die Verhältnisse der ungestörten Anströmung. Sowohl bei der Nebeneinander- als auch bei der Hintereinander-Anordnung sollen Sieb und Propeller so weit auseinanderliegen, daß die beiderseitigen Druckfelder sich nicht beeinflussen.

Für die Nebeneinander-Anordnung ergibt sich mit den Bezeichnungen von Abb. 1: Sieb und Propeller ruhen und werden mit der Geschwindigkeit v_1 angeströmt. Dabei leistet also der gedachte Windkanal: L_{Aufwand} = Kraft an der Widerstandswaage mal seiner Anströmgeschwindigkeit, $W \cdot v_1$, und somit muß bei der in der Wirklichkeit auftretenden Eigengeschwindigkeit der Propeller auch diese Leistung L_{Aufwand} liefern.

Aus der BERNOULLI-Gleichung findet man:

vor dem Sieb: $$p_1 + \frac{\varrho}{2} v_1^2 = p_S' + \frac{\varrho}{2} v_S^2 \quad (1)$$

hinter dem Sieb: $$p_S'' + \frac{\varrho}{2} v_S^2 = p_1 + \frac{\varrho}{2} v_2^2 \quad (2)$$

vor dem Propeller: $$p_1 + \frac{\varrho}{2} v_1^2 = p_{PN}' + \frac{\varrho}{2} v_{PN}^2 \quad (3)$$

hinter dem Propeller: $$p_{PN}'' + \frac{\varrho}{2} v_{PN}^2 = p_1 + \frac{\varrho}{2} v_{3N}^2 . \quad (4)$$

In Abb. 1 und den folgenden Abbildungen sind die Strahlgrenzen, wie es allgemein üblich ist, entsprechend der Kontinuitätsbedingung (Geschwindigkeit · Querschnittsfläche = const.) eingezeichnet. Die radialen Geschwindigkeitskomponenten bleiben aber in der einfachen Strahltheorie unberücksichtigt. Diese Theorie kann daher nur für relativ kleine Veränderungen des Strahlquerschnitts Gültigkeit beanspruchen.

In den Gleichungen (3) und (4) sind alle Größen, die sich durch eine andere Anordnung des Propellers relativ zum Sieb ändern könnten, durch den zusätzlichen Index N (= Nebeneinander) gekennzeichnet. Die Druckdifferenzen betragen

am Sieb: $$\Delta p_S = p_S'' - p_S' = \frac{\varrho}{2} (v_2^2 - v_1^2) \quad (5)$$

am Propeller: $$\Delta p_{PN} = p_{PN}'' - p_{PN}' = \frac{\varrho}{2} (v_{3N}^2 - v_1^2) . \quad (6)$$

Daraus gewinnt man

den Widerstand des Siebs: $$W = -F_S \, \Delta p_S = \frac{\varrho}{2} F_S (v_1^2 - v_2^2) \quad (7)$$

und den Schub des Propellers: $$S = F_P \, \Delta p_{PN} = \frac{\varrho}{2} F_P (v_{3N}^2 - v_1^2) . \quad (8)$$

Laut Bemerkung oben muß sein: $\frac{\varrho}{2} \cdot F_S \cdot (v_1^2 - v_2^2) \cdot v_1 = L_{\text{erford.}}$

Für beide Kräfte liefert der Impulssatz folgende Beziehungen:

$$W = \varrho\, F_S\, v_S (v_1 - v_2) \tag{9}$$

$$S = \varrho\, F_P\, v_{PN} (v_{3N} - v_1). \tag{10}$$

Aus den Gleichungen (7) und (9) ergibt sich

$$v_S = \frac{1}{2} (v_1 + v_2) \tag{11}$$

und ebenso aus den Gleichungen (8) und (10)

$$v_{PN} = \frac{1}{2} (v_{3N} + v_1). \tag{12}$$

Soll unser aus Sieb und Propeller bestehendes Fahrzeug sich mit der Geschwindigkeit $-v_1$ durch das ruhende Medium bewegen, so muß $S \cdot v_1 = W \cdot v_1$ sein. Daraus folgt, wenn wir Gleichheit der Querschnittsflächen F_S und F_P annehmen ($= F$):

$$v_{3N}^2 + v_2^2 = 2\, v_1^2. \tag{13}$$

Hier fällt Bearbeiter IV diese Notwendigkeit gerade noch rechtzeitig ein. Nachher, bei Fall H, möchte er sie bestreiten, setzt sie nur „probeweise" ein und stellt fest, daß dann immer noch etwas Leistungsgewinn verbleibe, was mit Vernachlässigung weiterer dissipativer Verluste niemand bestreitet wegen $\eta_{\text{th}} = 1$. Wodurch eben in reiner Theorie die Differenz von 100% gegen etwa 90–95% gewonnen wird.

Die vom Propeller aufzubringende Leistung beträgt nach dem Energiesatz:

$$L_{\text{Aufw.}N} = \varrho\, F\, v_{PN} \cdot \frac{1}{2} (v_{3N}^2 - v_1^2)$$

$$= \varrho\, F \cdot \frac{1}{4} (v_{3N} + v_1)(v_{3N}^2 - v_1^2). \tag{14}$$

Betrachten wir nunmehr die *Hintereinander*-Anordnung entsprechend Abb. 2, so bleiben alle Beziehungen für das Sieb allein unverändert. Die Beziehungen für den Propeller müssen aber neu aufgestellt werden. Wir erhalten statt der Gleichungen (3) und (4)

vor dem Propeller $$p_1 + \frac{\varrho}{2} v_2^2 = p'_{PH} + \frac{\varrho}{2} v_{PH}^2 \tag{3'}$$

hinter dem Propeller: $$p''_{PH} + \frac{\varrho}{2} v_{PH}^2 = p_1 + \frac{\varrho}{2} v_{3H}^2 \tag{4'}$$

statt der Gleichungen (6) und (8)

$$\Delta p_{PH} = p''_{PH} - p'_{PH} = \frac{\varrho}{2}(v_{3H}^2 - v_2^2) \tag{6'}$$

$$S = F_P\, \Delta p_{PH} = \frac{\varrho}{2} F_P (v_{3H}^2 - v_2^2) \tag{8'}$$

statt Gleichung (10)

$$S = \varrho\, F_P\, v_{PH}\,(v_{3H} - v_2) \tag{10'}$$

und daraus statt Gleichung (12)

$$v_{PH} = \frac{1}{2}(v_2 + v_{3H}). \tag{12'}$$

Der Schub $S \cdot v_1$ muß auch jetzt wieder gleich $W \cdot v_1$ sein; (aus diesem Grunde war es nicht nötig, zwischen S_N und S_H zu unterscheiden):

$$\frac{\varrho}{2} F_S (v_1^2 - v_2^2) = \varrho\, F_P\, v_{PH}\,(v_{3H} - v_2)$$

$$= \frac{\varrho}{2} F_P (v_2 + v_{3H})(v_{3H} - v_2)$$

$$S = \frac{\varrho}{2} F_P (v_{3H}^2 - v_2^2);$$

Wenn wir wieder Gleichheit der Querschnittsflächen F_S und F_P voraussetzen, so folgt

$$v_{3H} = v_1 \tag{13'}$$

d. h. hinter unserem Fahrzeug (= Sieb + Propeller) haben wir überall v_2 auf die ungestörte Anströmgeschwindigkeit v_1 wieder zu steigern. Als jetzt vom Propeller aufzuwendende Leistung ergibt sich also:

$$L_{\text{Aufwand}\,H} = \frac{\varrho}{2} \cdot F \cdot (v_1^2 - v_2^2) \cdot v_1,$$

während IV a hatte:

$$L_{\text{Aufw.}H} = \varrho\, F\, v_{PH} \frac{1}{2}(v_1^2 - v_2^2)$$

$$= \varrho\, F \cdot \frac{1}{4}(v_2 + v_1)(v_1^2 - v_2^2). \tag{14'}$$

Vergleichen wir nunmehr die aufzuwendenden Leistungen $L_{\text{Aufw.}H}$ und $L_{\text{Aufw.}N}$ miteinander, so erhalten wir:

Theorie IV a — Verfasser

$$\frac{L_{\text{Aufw.}H}}{L_{\text{Aufw.}N}} = \frac{(v_2 + v_1)(v_1^2 - v_2^2)}{(v_{3N} + v_1)(v_{3N}^2 - v_1^2)}\,;\quad \frac{(v_1^2 - v_2^2) \cdot v_1}{(v_{3N} + v_1) \cdot (v_{3N}^2 - v_1^2)} \tag{15}$$

und unter Berücksichtigung von Gleichung (13) und unter Einführung von $\alpha = v_2/v_1$ bei Theorie IVa:

$$\frac{L_{\text{Aufw.}H}}{L_{\text{Aufw.}N}} = \frac{1 + \alpha}{1 + \sqrt{2 - \alpha^2}} \tag{16}$$

[In (15) liegt offenbar ein Rechenfehler vor, denn der Zähler wäre bei IVa größer als beim Verf.; H wäre schlechter als N.]

Das Verhältnis α läßt sich auch durch den Belastungsgrad

$$c_S = \frac{S}{\frac{1}{2}\varrho\, v_1^2\, F} \tag{17}$$

ausdrücken. Man erhält

$$\alpha^2 = 1 - c_S \tag{18}$$

und

$$\frac{L_{\text{Aufw.}H}}{L_{\text{Aufw.}N}} = \frac{1 + \sqrt{1 - c_S}}{1 + \sqrt{1 + c_S}}. \tag{19}$$

Die Formel (16) liefert den bei Theorie IVa in Abb. 3 unter (a) angegebenen Leistungsgewinn.

Im Gegensatz zu dem Ansatz (14') für die vom Propeller aufzubringende Leistung fordert Theorie IIIa unabdingbar, daß dem Propeller hinter dem Sieb mindestens die Leistung $W \cdot v_1$ zugeführt wird, da das vorangehende Sieb ja diese Leistung verbraucht habe und deshalb eine geringere Leistung am Propeller unter keinen Umständen möglich sei, wie schon Theorie I, Betz, ganz klar feststellt. Folgt man dieser Auffassung, so erhält man für die aufzuwendende Leistung statt Gleichung (14'):

$$L_{\text{Aufw.}H} = W \cdot v_1 = S \cdot v_1. \tag{14''}$$

Der Leistungsvergleich liefert dann:

$$\frac{L''_{\text{Aufw.}H}}{L_{\text{Aufw.}N}} = \frac{2}{1 + \sqrt{2 - \alpha^2}}. \tag{16''}$$

Abb. 3 zeigt den Vergleich der Formeln (16) und (16''). Man erkennt zunächst, daß in *beiden* Fällen ein Leistungsgewinn durch die Hintereinander-Anordnung von Sieb und Propeller gegenüber der Nebeneinander-Anordnung erzielt wird, wenn man sich nur an die reine Rechnung hält. Aber auch dann ist der Gewinn H sehr viel geringer geworden.

Andererseits ist Kurve (b) ganz sicher bei kleinen α nicht richtig, weil für $\alpha = 0$ das $L_{\text{Aufwand}} = \infty$ wird, da keine Massen zur Beschleunigung dem Propeller mehr zuströmen. Es bleibt darüber hinaus aber die Unstimmigkeit, die in den Formeln (16) und (16'') und in den Kurven in

Abb. 3 zum Ausdruck kommt, bestehen. Daran ändert sich auch nicht viel, wenn man statt der einfachen Strahltheorie die „erweiterte Strahltheorie“ mit zu Rate zieht. Berücksichtigt man nach dieser Theorie außer den axialen Verlusten auch noch Verluste durch Strahldrehung und durch den Profilwiderstand, so erhält man für den Wirkungsgrad des Propellers

$$\eta = \underbrace{\frac{2}{1+\sqrt{1+c_S}}}_{\eta_a} \cdot \underbrace{\left(1 - \frac{1}{2} c_S \lambda^2\right)}_{\eta_u} \cdot \underbrace{\frac{1 - \varepsilon \dfrac{\lambda}{\eta_i}}{1 + \dfrac{2}{3} \varepsilon \dfrac{\eta_i}{\lambda}}}_{\zeta}, \tag{20}$$

während die einfache Strahltheorie nur η_a liefert. Hier bedeuten λ den Fortschrittsgrad, $\eta_i = \eta_a \cdot \eta_u$ den idealen Wirkungsgrad (mit $\varepsilon = 0$), ε die Profilgleitzahl und ζ einen entsprechenden Gütegrad.

Vergleicht man im Falle der Nebeneinander- und Hintereinander-Anordnung Luftschrauben gleicher Drehzahl, so erhält man für η_u keinen Unterschied zwischen den beiden Anordnungen. Der Gütegrad ζ wird bei Nebeneinander-Anordnung günstiger als bei Hintereinander-Anordnung. Mit $\lambda_N = 0{,}2$ ($\lambda_H = \alpha \cdot \lambda_N$) und $\varepsilon = 0{,}05$ erhält man in Abb. 3 die Kurve (a′) statt Kurve (a); der angebliche große Leistungsgewinn durch Hinter

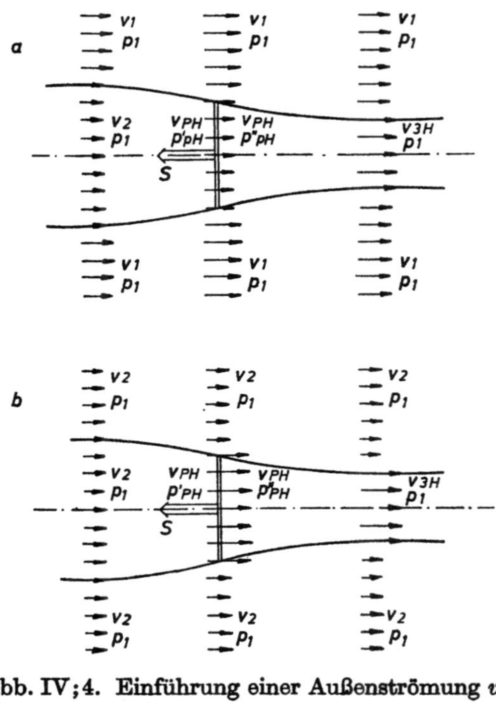

Abb. IV;4. Einführung einer Außenströmung v_2.

einander-Anordnung von Sieb und Propeller wird also durch die Berücksichtigung der Profilgleitzahl nur unwesentlich verringert werden.

Nach Theorie III a ist er jedoch nur scheinbar vorhanden, weil in IV a jede Fahrleistung fehlt. Dazu nimmt Verf. außer der erweiterten Strahltheorie (b') noch unvermeidliche dissipative Verluste hinzu, womit sich (b'') ergibt. Die Ersparnisse sind dann gering, und nur noch mit wenigen Prozent zwischen etwa $\alpha = 0{,}8$ bis $\alpha = 0{,}3$ vorhanden. Leitvorrichtungen, die sicher notwendig werden an wirklichen Fahrzeugen, wenn eine möglichst ideale Strömungsform verwirklicht werden soll, werden weitere Verluste bringen, sodaß praktisch kaum irgend ein Gewinn durch H erzielbar ist.

Theorie IV a führt zu Wirkungsgraden über 1, die natürlich in Wirklichkeit nicht möglich und auch nicht vorhanden sind. Theorie III a führt genau bis 1 theoretisch, bestätigt also die alte Betzsche Feststellung, geht aber nicht darüber hinaus.

Besonders besprochen werden muß noch Abb. 4b. Hier liegt eine sehr merkwürdige Verirrung in der Anschauung vor. Während eingangs ausdrücklich und zutreffend gesagt wird, daß stets die Theorie als gewissermaßen eindimensional betrachtet werde, also im Strahl, besser ausgedrückt in einer Stromröhre, sich das ganze Geschehen des Vorgangs vollzieht, wird hier plötzlich v_2 als in der ganzen Umgebung auch herrschend vorausgesetzt. Es ist doch selbstverständlich, daß beide Organe, Sieb und Propeller nur in derjenigen Stromröhre wirksam werden können, in der sie sitzen. Schon Betz hat, sehr zu Recht, festgesetzt, daß beide Organe von der gleichen Masse durchströmt werden müßten. Links ist das Sieb gar nicht eingezeichnet. Soll man es sich nun unendlich groß vorstellen und soll davor v_1 herrschen? Dann kann kein Propeller dieses Sieb schieben, denn er müßte eine unendlich große Nutzleistung $W \cdot v_1$ abgeben. Oder ist gar nichts anderes vorhanden als v_2? Dann handelt es sich bei v_2 nur um einen anderen Namen für v_1. Ein Schub ist ganz überflüssig, weil kein Widerstand vorhanden ist. Oder soll man sich weit links einen beweglichen Ausschnitt aus einem unendlich großen Sieb vorstellen, der mechanisch mit der Propeller-Nabe verbunden sein müßte? (Dann hätten wir einfach einen Fall N, da v_{3H} größer ist, als die Umgebungsströmung.)

Aber auch dieses Bild ist nicht brauchbar für den Vorgang in der Wirklichkeit, weil schon bei Anfahrt der Siebausschnitt verlassen wird, und sich damit Strömungen und Kräfte ändern. Nur *eines* scheint Verf. festzustehen, daß dieses eigenartige Gebilde nichts mehr mit dem Betzschen Bilde der Nachstrompropulsion zu tun hat. Vielleicht ist der Anschauung noch besser gedient, wenn wir wiederholen, daß am Orte des Propellers, bevor er dort angebracht war, v_2, bestand, wenn auch das Fahrzeug Sieb plus Propeller mit v_1, also schneller, fährt. Führt man jedoch nur $S \cdot v_2$ aus, entspricht das nicht ohne weiteres der Forderung $W \cdot v_1$, sondern man entläßt in das ruhende Medium natürlich nur $v_1 - (v_1 - v_2)$, also v_2

und nicht v_1. Man bringt so bei der Fahrt des Fahrzeuges mit v_1 die hinten entlassenen Mediummassen nicht zum Stillstand. Es folgt hieraus und aus den übrigen Sätzen, daß wir vom Sieb die Leistungswegführung $W \cdot v_1$ erleiden, aber nicht ihren Ausgleich, $S \cdot v_1$ vom Propeller erhalten, denn v_1 war nicht seine Anströmung. Weil aber es notwendig ist, diesen Aus-

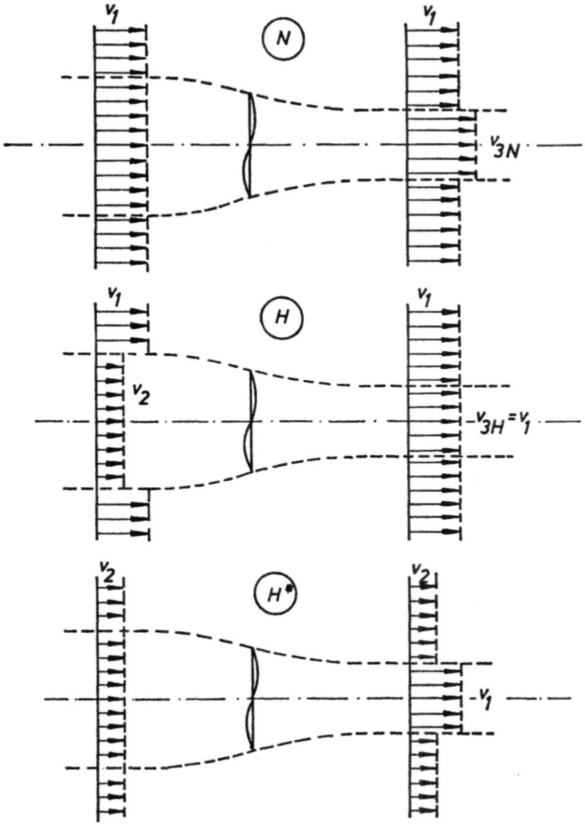

Abb. IV;5. Einführung eines H^* (Außenströmung hat auch v_2).

gleich herbeizuführen, so müssen wir ihm die Strecke $v_1 - v_2$ wieder vergüten, da er sich seine zu beschleunigende Masse von einer um diese Strecke entfernteren Stelle herholen mußte. Wir müssen ihm also dafür mehr Leistung an seiner Welle zuführen, und zwar

$$L_{\text{erforderlich}} = S \cdot \frac{(v_2 + v_1) \ + (v_1 - v_2)}{2}.$$

Im Grunde sagt dieses Ergebnis etwas recht Selbstverständliches aus: Wenn wir die Luftmasse, die der Propeller verarbeiten soll, bereits durch das Sieb nach vorwärts bewegen mit $v_1 - v_2$, so ist das zwar für die Fahrt ein Vorteil, denn sekundlich wird gegenüber dem ruhenden Medium das Stück $v_1 - v_2$ mehr zurückgelegt, so daß nur noch v_2 dazu kommen muß, um v_1 zu erhalten; das konnten wir vorhin ohne weiteres erreichen.

Für die Propulsion ist es aber ein Nachteil, denn gegenüber dem ruhenden Medium muß die gleiche Strecke $v_1 - v_2$ in der zu erzeugenden Strahlgeschwindigkeit hinzukommen. Beide Beträge gleichen sich aus, weil sie sich auf die gleiche durchlaufende Masse $\dot{m}$ beziehen.

So ereignet es sich denn auch, wenn v_2 und damit auch die sekundliche Masse Null wird, daß für jede verlangte endliche Leistung die aufzuwendende Leistung unendlich wird. Wenn nichts mehr zu beschleunigen da ist, kann auch kein Schub erzeugt werden. Und gerade für diesen Zustand gab die bisherige Lehre eine Ersparnis bei Nachstrompropulsion von bis zu 60% an. Es muß ausdrücklich hervorgehoben werden, daß *diese* Folgerung von IV nicht mitgemacht worden ist.

IVb. Theorie N. N.

In der „einfachen Strahltheorie" betrachtet man nur die Geschwindigkeit der Luft parallel zur Strahlaxe und nimmt an, daß sie über den Strahlquerschnitt konstant ist. Wird bei dem vorliegenden Problem der Propeller *neben* dem Sieb angeordnet (Fall N), so strömt die Luft dem Propeller mit der ungestörten Geschwindigkeit v_1 entgegen. Wird der Propeller aber *hinter* dem Sieb angeordnet (Fall H), so erfaßt er – bei geeigneter Wahl der Abmessungen – gerade den durch das vorangehende Sieb auf die Geschwindigkeit v_2 abgebremsten Luftstrahl. Die Bilder N und H kennzeichnen die entsprechenden Geschwindigkeitsverhältnisse vor und hinter dem Propeller. Die Außenströmung hat in beiden Fällen die Geschwindigkeit v_1. Im Falle N wird die durch die Propellerebene hindurchtretende Luftmasse von v_1 auf v_{3N} beschleunigt, im Falle H von v_2 auf $v_{3H} = v_1$.

Zum Vergleich wollen wir die Geschwindigkeitsverhältnisse in Abb. VI. 5, H^* betrachten. Hier hat die Außenströmung die Geschwindigkeit v_2; im Strahl gelten aber die gleichen Geschwindigkeiten wie im Bild H.

In den Fällen N und H^* bestehen nach der einfachen Strahltheorie folgende Beziehungen Abb. IV 6:

Soweit bestehen lt. IV keine Meinungsverschiedenheiten.

Setzen wir jetzt aber Fall H an die Stelle von H^*, so darf man wohl bei einer Theorie erster Ordnung annehmen, daß der Leistungsaufwand zur Erzeugung von S unverändert bleibt; der Schub S wird jetzt aber für ein Fahrzeug (Sieb + Propeller) genutzt, das sich mit der Geschwindigkeit v_1 durch das ruhende Medium bewegt: d. h. $L'_H = S \cdot v_1$. Vergleichen wir nunmehr den Leistungsaufwand in den Fällen H und N, so ergibt sich

	N	H^*
Pro Zeiteinheit durch die Propellerebene tretende Maśse	$m_H = g.F.\frac{v_1 + v_{3N}}{2}$	$m_H = g.F.\frac{v_2 + v_{3H}}{2}$
Propellerschub	$S_N = m_N.(v_{3N} - v_1)$	$S_{H^*} = m_H\,(v_{3H} - v_2)$ $= m_H\,(v_1 - v_2)$
	$S_N = S_{H^*} = S$ für $v_{3N}^2 = 2v_1^2 - v_2^2$	
Nutzleistung	$L'_N = S.v_1$	$L'_{H^*} = S.v_2$
Leistungsaufwand	$L_N = m_N\frac{v_{3N}^2 - v_1^2}{2}$ $= S.\frac{v_{3N} + v_1}{2}$ $= S.\frac{v_1 + \sqrt{2v_1^2 - v_2^2}}{2}$	$L_{H^*} = m_H\frac{v_{3H}^2 - v_2^2}{2}$ $= S.\frac{v_{3H} + v_2}{2}$ $= S.\frac{v_1 + v_2}{2}$
Wirkungsgrad	$\eta_N = \frac{2}{1 + \sqrt{2 - (v_2/v_1)^2}}$	$\eta_{H^*} = \frac{2}{1 + v_1/v_2}$

Abb. IV;6

$$\frac{L_H}{L_N} = \frac{L_H{}^*}{L_N} = \frac{1 + v_2/v_1}{1 + \sqrt{2 - (v_2/v_1)^2}}$$

in Übereinstimmung mit Kurve (a) in Bild 3 der vorangehenden Bearbeitung. Die Theorie IIIa ist offensichtlich der Auffassung, daß man im Falle H zwar die Nutzleistung mit $L_H = S \cdot v_1$ ansetzen darf, aber bei der Ermittlung des Leistungsaufwandes ein Glied

$$W \cdot \frac{v_1 - v_2}{2} = S \cdot \frac{v_1 - v_2}{2}$$

hinzufügen muß. Dieser Anteil soll zur Wiederbeschleunigung der Masse von v_2 auf v_1 dienen. Bearbeiter IV kann nicht erkennen, inwiefern dieser Anteil im Falle H erforderlich ist, im Falle H^* aber nicht. Der Leistungsaufwand wird doch in den Fällen N, H^* und H übereinstimmend aus der Differenz der kinetischen Energien hinter und vor dem Propeller errechnet; damit ist die Beschleunigung der Massen in jedem Fall berücksichtigt.

Die bei allen diesen Überlegungen benutzte „einfache Strahltheorie" weicht von der Wirklichkeit zweifellos um so mehr ab, je weiter sich v_2/v_1 von 1 entfernt. Für $v_2/v_1 = 0$ ist diese Theorie sicherlich unbrauchbar, und die in IIIa geäußerte Kritik ist in diesem Punkte wohl berechtigt.

Die Aufstellung einer genaueren Theorie unter Berücksichtigung bisher vernachlässigter Einflüsse (Geschwindigkeitskomponenten senkrecht zur Strahlachse, Vermischung der Strahlgrenzen) würde sicherlich zur Aufhellung des vorliegenden Problems beitragen.

Bemerkungen des Verfassers zu IV b

Mit dem Absatz 1 kann man einverstanden sein. Er stimmt überein mit dem, was in IIIa und den Bemerkungen zu I bereits gesagt wurde.

Weiterhin wird jedoch Rechnung und Vorstellung vom Vorgang sehr eigenartig, und die Worte nach der Tabelle 1 „Soweit bestehen m.E. keine Meinungsverschiedenheiten", sollten schon am Ende von Absatz 1 stehen.

Der Fall H^* hat gar nicht den Charakter einer Nachstrompropulsion. Eine ankommende Strömung, die überall gleich ist und lediglich v_2 getauft wird, ist nämlich gar nicht durch einen Widerstandskörper, hier ein Sieb, auf diese Geschwindigkeit gebracht worden, es sei denn, man müsse sich links im Bild unten ein unendlich großes Sieb vorstellen (s. auch Bemerkungen zu IVa). Entweder hätte man dann den Widerstand unendlich und könnte durch einen Propeller endlicher Größe (rechts!) auch schon im Prinzip das Fahrzeug Sieb + Propeller gar nicht antreiben. Oder aber es liegt ein Fall N vor; dann ist es umgekehrt, ein Schub ist gar nicht nötig, da links kein Widerstand existiert. Es ist nur v_1 der obersten Figur auf v_2 umgetauft worden.

Auf jeden Fall hat H^* mit Nachstrompropulsion nichts zu tun. Selbst aber, wenn man der – zwecklosen – Rechnung der Tabelle folgt, stößt man auf merkwürdige Dinge. Die Formeln für η_N und η_H erbringen den umgekehrten Beweis, als den, den der Bearbeiter wünscht. Macht man sich die kleine Mühe, mit demjenigen Zahlenwert einmal zu rechnen, den der Bearbeiter von IVb als unteren Grenzfall für die Anwendung der bisher benutzten Nachstromtheorien anzugeben pflegt,

$$\alpha = v_2/v_1 = 0{,}6\,,$$

so errechnet man für z. B. $v_1 = 20$ m/sec in Luft: $\eta_N = 0{,}876$; $\eta_H{}^* = 0{,}760$. Damit hätte auch aus *diesem* Grunde die Verwendung von H^* keinen Zweck.

Einer weiteren „Aufhellung", wie IVb meint, bedarf es gar nicht. Man braucht nur die Strahltheoriegleichung bzw. ihre Umkehrung *vollständig* anzuwenden und nicht eines ihrer Glieder bei der Umkehr auszulassen.

V. Theorie von Baranoff

nach elementarer Axialimpuls-Theorie

Bekanntlich ergibt die elementare Axialimpuls-Theorie einen Wirkungsgrad, der größer als 1 werden kann, wenn der Propeller im verzögerten Nachstrom eines „Siebes" arbeitet. Dieser von Betz (ZFM 1928, 171–177) festgestellte Sachverhalt wird im folgenden kurz hergeleitet und es wird anhand einer Energiebetrachtung für die Schleppleistung des „Siebs" gezeigt, daß die (entsprechend $\eta > 1$) verminderte Propellerleistung genau den Verlusten des „Siebs" entspricht. Es liegt also kein Verstoß gegen den Energiesatz vor.

Definiert man eine Gütezahl

$$= \frac{\text{Verluste des „Siebs"}}{\text{Leistung des Propellers}}$$

so würde sich für den hier behandelten Fall der Wert 1 ergeben.

1. Propeller im unbegrenzten Medium

Die Rankine-Froudesche Theorie betrachtet den Propeller als eine durchlässige Kreisscheibe, die einen Drucksprung in Strömungsrichtung aufweist und die auf der Leeseite die Strömung als Strahl entläßt (Abb. Nr. 1 von V).

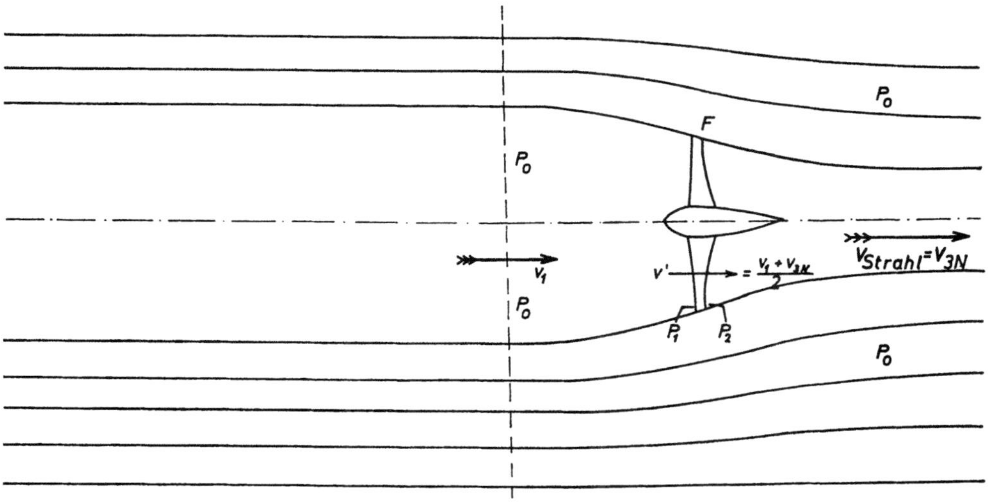

Abb. V; 1. Propeller allein im unbegrenzten Medium.

Aus der Bernoullischen Gleichung vor dem Propeller

$$\frac{p_0}{\varrho} + \frac{v_1^2}{2} = \frac{p_1}{\varrho} + \frac{v_1^2}{2}$$

und der hinter ihm folgt

$$\frac{p_2}{\varrho} + \frac{v_1^2}{2} = \frac{p_0}{\varrho} + \frac{v_{3N}^2}{2} \tag{1}$$

und somit für den Axialschub

$$S = F \cdot (p_2 - p_1) = \frac{\varrho}{2} F \cdot (v_{3N}^2 - v_1^2). \tag{2}$$

S läßt sich ebenfalls aus der Impulszunahme berechnen:

$$S = \varrho \cdot F \cdot v' \cdot (v_{3N} - v_1). \tag{3}$$

Aus (2) und (3) folgt die FROUDEsche Formel

$$v' = \frac{v_{3N} + v_1}{2}. \tag{4}$$

Die Propellerleistung $L_{\text{ges.}}$ ergibt sich nach

$$L_{\text{ges.}} = F \cdot \varrho \cdot v' \left[\frac{v_{3N}^2}{2} - \frac{v_1^2}{2}\right] \tag{5}$$

so daß der Wirkungsgrad des Propellers, der mit der Kraft S eine nützliche Arbeit $S \cdot v_1$ leistet,

$$\eta_{\text{th}} = \frac{S \cdot v_1}{L_{\text{ges.}}} = \frac{2\, v_1}{v_{3N} + v_1} \tag{6}$$

wird. Indem man (1) benutzt ($p_2 - p_1 = \Delta p$), wird

$$\eta_{\text{th}} = \frac{2}{1 + \sqrt{1 + \dfrac{\Delta p}{\frac{\varrho}{2} \cdot v_1^2}}}. \tag{7}$$

Wegen $\Delta p > 0$ ist hier $\eta_{\text{th}} < 1$. Über den Belastungsgrad $\dfrac{\Delta p}{\frac{\varrho}{2} \cdot v_1^2}$ vermag die Impulstheorie nichts auszusagen.

2. *Propeller hinter Sieb*

Das „Sieb" ist hier eine Art energieverzehrende Vorrichtung, hinter der sich ein Nachstrom verzögerter Geschwindigkeit befindet. Man hat daher drei BERNOULLIsche Gleichungen (Abb. V;2:)

$$\frac{p_0}{\varrho} + \frac{v_1^2}{2} = \frac{p_1}{\varrho} + \frac{v'^2}{2}$$

$$\frac{p_2}{\varrho} + \frac{v'^2}{2} = \frac{p_3}{\varrho} + \frac{v'^2}{2}$$

$$\frac{p_4}{\varrho} + \frac{v'^2}{2} = \frac{p_0}{\varrho} + \frac{v_{3H}^2}{2}.$$

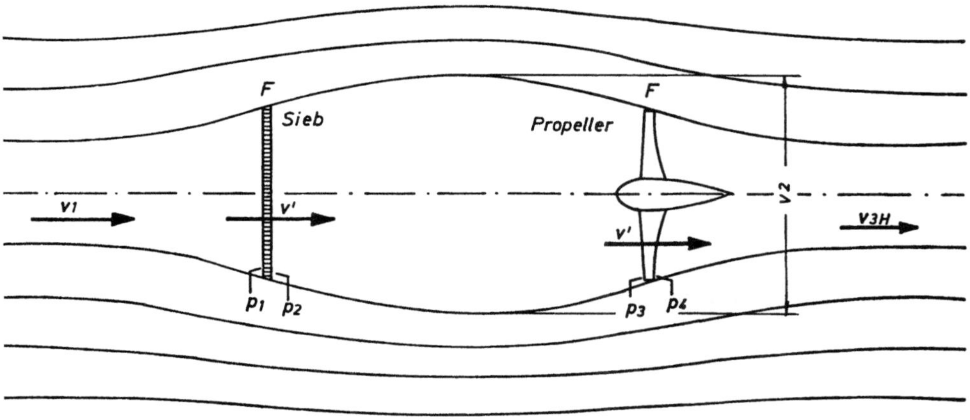

Abb. V;2. Propeller hinter Sieb.

Hinzu kommt, falls die gesamte das Sieb durchströmende Masse auch durch den Propeller strömt, die Kontinuitätsbedingung

$$F_{\text{Sieb}} \cdot v'_{\text{Sieb}} = F_{\text{prop.}} \cdot v'_{\text{prop.}} \tag{8}$$

Aus den 3 Bernoullischen Gleichungen ergibt sich

$$p_1 - p_2 - (p_4 - p_3) = \frac{\varrho}{2} (v_1^2 - v_{3H}^2). \tag{9}$$

Denkt man sich das Gebiet vor dem Propeller ins Unendliche fortgesetzt, so würde dort der Druck p_0 und die Geschwindigkeit v_2 sein. Man hätte

$$\frac{p_3}{\varrho} + \frac{v'^2}{2} = \frac{p_0}{\varrho} + \frac{v_1^2}{2}.$$

Aus dieser Gleichung und dem Vorhergehenden ergibt sich

$$v_2 = v_1 \cdot \sqrt{1 - c_{WS}}, \tag{10}$$

wo

$$c_{WS} = \frac{W}{\frac{\varrho}{2} \cdot F \cdot v_1^2} \tag{11}$$

der Widerstandskoeffizient des Siebes ist. Die Impulsbetrachtung gibt den Propellerschub

$$S = \varrho \cdot F \cdot v' \left[v_{3H} - v_1 \cdot \sqrt{1 - c_{WS}}\right] \tag{12}$$

und die Propellerleistung

$$L_{\text{ges.}} = \varrho \cdot F \cdot v' \left[\frac{v_{3H}^2}{2} - \frac{v_2^2}{2}\right]. \tag{13}$$

Somit wird der Wirkungsgrad

$$\eta_{\text{th}} = \frac{v_1 \cdot S}{L_{\text{ges.}}} = \frac{2\, v_1}{v_{3H} + v_1 \sqrt{1 - c_{WS}}}. \tag{14}$$

Die Kontinuitätsbedingung liefert

$$\frac{v_{3H}}{v_1} = \frac{F_{\text{Sieb}}}{F_{\text{prop.}}} + \sqrt{1 - c_{WS}} \cdot \left[\frac{F_{\text{Sieb}}}{F_{\text{prop}}} - 1\right].$$

Andererseits gibt Gleichung (9)

$$\frac{v_{3H}}{v_1} = \sqrt{1 + c_{WS}\left(\frac{F_{\text{Sieb}}}{F_{\text{prop}}} - 1\right)}.$$

Man sieht leicht, daß diese beiden Gleichungen nur die Lösung

$$\frac{F_{\text{Sieb}}}{F_{\text{prop.}}} = 1; \quad \frac{v_{3H}}{v_1} = 1 \tag{15}$$

haben. Folglich wird:

$$\eta_{\text{th}} = \frac{2}{1 + \sqrt{1 - c_{WS}}} > 1. \tag{16}$$

Dies ist das zunächst befremdliche Ergebnis, auf das BETZ hingewiesen hat.

3. Schleppleistung des Siebs

Die Arbeitsleistung des Schleppens ist $W \cdot v_1$ und man kann zunächst die Identität

$$W \cdot v_1 = W \cdot v' + W \cdot (v_1 - v')$$

anschreiben. Der erste Term ist gleich der sekundlich der Luft entzogenen Energie, nämlich

$$W \cdot v' = L_{1.\,\text{Term}} = \varrho \cdot F\, v' \left[\frac{v_1^2}{2} - \frac{v_2^2}{2}\right]$$

wo v_2 die – fiktive – Geschwindigkeit weit hinter dem Sieb ist. Aus der Impulsabnahme

$$W = \varrho \cdot F \cdot v' (v_1 - v_2)$$

ergibt sich

$$\frac{v'}{v_1} = \frac{1 + \sqrt{1 - c_{WS}}}{2}$$

und

$$\frac{v_2}{v_1} = \sqrt{1 - c_{WS}}.$$

Somit ergibt sich

$$L_S = F \cdot \frac{\varrho}{2} v_1^3 \cdot c_{WS} \cdot \frac{1 + \sqrt{1 - c_{WS}}}{2}. \tag{17}$$

Dieser Verlust ist aber gleich der Leistung des Propellers:

$$L_{\text{ges.}} = F \cdot \frac{\varrho}{2} \cdot v' \left[v_1^2 - v_1^2 \cdot (1 - c_{WS})\right]$$

$$= F \cdot \frac{\varrho}{2} \cdot v_1^3 \cdot c_{WS} \cdot \frac{1 + \sqrt{1 - c_{WS}}}{2}.$$

Es liegt also kein Verstoß gegen das Energiegesetz vor.

Die „Paradoxie" des $\eta_{\text{th}} > 1$ reduziert sich also auf die D'ALEMBERTsche Paradoxie (die ja auch keine ist).

Bemerkungen des Verfassers zu V

Die ersten acht Zeilen enthalten insofern eine verwirrende Angabe als man bei Aufstellung einer Leistungsbilanz nicht davon sprechen kann, das Verhältnis von verbrauchter zur wiederzuzuführenden Leistung sei eine Gütezahl. Die nötige Propellerleistung *muß* natürlich die Siebverluste kompensieren, man kann sie nicht ins Verhältnis zueinander setzen und das letztere als eine „Gütezahl" bezeichnen.

Gegen die Rechnung Abschnitt 1. in dem Falle N ist nichts einzuwenden. Dagegen endet die Rechnung des Falles H im Abschnitt 2. mit η_{th} *über* 1, was Herr Dr. v. BARANOFF mit Recht selbst „als befremdlich" bezeichnet, und womit er offenbar selbst nicht zufrieden war. In der Tat kann man ein solches Ergebnis nicht hinnehmen.

Daher beginnt er im Abschnitt 3. das einzig Richtige zu tun, was jeder Physiker und Ingenieur tun würde: Festzustellen, welche Leistung das Sieb insgesamt eigentlich braucht, damit man zu wissen bekommt, was der Propeller eigentlich zu leisten hat. Der Bearbeiter fängt das streng mathematisch an. Die Schleppleistung, besser Schiebeleistung, müsse sein:

$$W \cdot v_1,$$

wie schon bei BETZ.

Er begnügt sich nun nicht damit, wie die meisten Bearbeiter,

$$W \cdot v_1 = W \cdot \frac{v_1 + v_2}{2} = W \cdot \frac{v_1 + v_1}{2}$$

zu setzen, also eine offensichtliche Ungleichung als Gleichung gelten zu lassen und zu benutzen, sondern er fordert von sich selbst eine Identität, und ergänzt demnach zu:

$$W \cdot v_1 = W \cdot \frac{v_1 + v_2}{2} + W \cdot \left(\frac{v_1 + v_1}{2} - \frac{v_1 + v_2}{2} \right).$$

Das erste Glied rechts rechnet er denn auch fertig zu:

$$W \cdot \frac{v_1 + v_2}{2} = W \cdot v',$$

wie man sieht.

Obwohl er soeben von diesem Gliede als dem „ersten Term" gesprochen hat, so daß es einen zweiten geben muß, vergißt er leider, auch diesen zu rechnen, und schreibt weiter, als sei der erste Term sein ganzer Ausdruck, den zu finden nach vielen Jahrzehnten des Irrtums eine ausgezeichnete, streng mathematisch geführte Leistung war.

Aber so bleibt nun die verstümmelt weitergeführte Rechnung so ungültig, wie sie seit langem war.

Selbstverständlich durfte der in Zeile 6 des Abschnitts 3. seines eigenhändigen Manuskriptes (Seite 6) noch in der Rechnung befindliche Betrag auf Seite 7 nicht ausgelassen werden. Gleichung (17) ist also nicht die ganze und richtige Lösung.

Was fehlt, läßt sich in Zeile 4 des Abschnitts 3 sofort ablesen:

$$+ W \cdot \left(\frac{v_1}{2} + \frac{v_1}{2} - \frac{v_1}{2} - \frac{v_2}{2} \right) = W \cdot \frac{v_1 - v_2}{2}.$$

Offenbar handelt es sich auch hier um ein reines Versehen, das wahrscheinlich beim Umblättern von Seite 6 des Bearbeiters auf Seite 7 entstanden ist. Hätte er den zweiten Term mitgenommen, so wäre geworden:

$$W \cdot v_1 = W \cdot \left(\frac{v_1 + v_2}{2} + \frac{v_1 - v_2}{2} \right),$$

wie wir seit (III) wissen. Es ist also vom Propeller $S \cdot v_1$ zu liefern; mehr braucht ihm aber wegen $\eta_{th} = 1$ auch an der Welle nicht zugeführt zu werden (s. III!).

Wiederum entstand ein unrichtiges Ergebnis durch ein Versehen, und wiederum kommt alles in Ordnung, wenn man die entsprechende Ergänzung vornimmt. Interessant ist dabei noch, daß das fehlende Glied geschrieben werden kann:

$$\dot{m} \cdot \frac{(v_1 - v_2)^2}{2},$$

damit sofort erkennen lassend, daß es die kinetische Energie des Strahles nach vorn des Siebes ist, die kompensiert werden mußte (s. auch III). Herr VON BARANOFF war also der Wahrheit der Wirklichkeit ganz nahe, und ist nur einer äußerlichen Unachtsamkeit erlegen.

Freilich ist es kein Wunder, daß er am Schluß feststellt, „es bestehe kein Verstoß gegen das Energiegesetz, wenn er sein *Teil*ergebnis (17) mit der im Verhältnis des η *über* eins gegen eins herabgesetzten Propellerleistung vergleiche“ (s. sein Abschnitt 2.), also mit einem Betrage, der ebenfalls der alten, unvollständigen Berechnungsweise entstammt. Beide Male fehlt dann natürlich das Strahlglied, und das *eine* Teilergebnis stimmt dann notwendigerweise mit dem anderen Teilergebnis überein.

Schon dem ersten Absatz seiner Darstellung merkt man an, daß sie auf dieses unrichtige Resultat hinausläuft. Eine Bilanz wird dadurch nicht in Ordnung gebracht, daß man einen Fehlbetrag auf der einen Seite durch Weglassung desselben auf der anderen Seite rechnerisch ausgleicht, *wenn dieser Betrag bereits verausgabt war*, wie in unserem Falle zweifellos – sogar schon bei BETZ – das $W \cdot v_1$, die Schleppleistung.

Es bleibt aber VON BARANOFFS entschiedenes Verdienst bestehen, daß er durch eigenes Nachdenken die unrichtigen, 40 Jahre eingefleischten Vorstellungen und bedenkenlos übernommenen Rechnungsirrtümer, die jeder Bearbeiter damals vom Vorgänger her beibehalten hatte, durchbrochen hat. Wie durch Vergleich der Gedankengänge (III) mit den VON BARANOFFschen sofort klar wird, hat Verf. daran keinen Anteil. Die Wege sind durchaus verschieden. Um so beweiskräftiger ist die Gleichheit der Ergebnisse, wenn man das äußerliche Versehen in (V) berücksichtigt.

VI. Theorie Schlichting

Glücklicherweise gesund unter uns lebend, aber mit dem ausdrücklichen Wunsche, namentlich genannt zu werden, schließt sich der BETZschen Theorie (s. I) an, *ohne* dazu das Strahlglied mitzunehmen. Er steht also vor BETZS End-Feststellung, daß $W \cdot v_1$ eigentlich notwendig sei, jedoch nur $W \cdot \frac{v_1 + v_2}{2}$ aus der Rechnung sich ergäbe. Er akzeptiert diese Ungleichung und ausdrückliche Nicht-Erfüllung des Gesetzes von der Erhaltung der Energie als richtige Lösungsgleichung des Problems. Die wieder zugeführte Leistung braucht also nicht der aus dem Vorgang fortgeführten Leistung gleich zu sein.

Er nimmt die BETZsche Erreichung des Wirkungsgrades 1 an, ohne die dazu nötige Auslöschung des Nachstroms nach vorn durch den Propellerstrahl nach hinten energetisch leisten zu wollen.

Bemerkungen des Verfassers zu VI

Versuche zur Klärung des Nachstrompropulsionsproblems im Experiment, die Verf. an die DFL – Braunschweig gegeben hatte, wünschte er nicht auszuführen. Es sei ja das alles durch BETZ längst bereits geklärt worden. Über die dann an die Hamburger Schiffbau-Versuchsanstalt gegangenen und ihm vorgelegten Versuche, die eindeutig die Notwendigkeit des Wiederbeschleunigungsgliedes beweisen, äußerte er sich nicht. In der letzten Zeit hat Herr SCHLICHTING sich weitgehend auf einen Abschnitt in „BETZ, Einführung in die Theorie der Strömungsmaschinen" konzentriert, der hier folgt, seine Bezeichnungen statt der unsrigen eingesetzt:

$$v_1 = v_1^*;\ v_2 = v_1^{*\prime};\ \zeta = \eta_P.$$

Auf Seite 205 oben heißt es:

„Wir betrachten zunächst einen Propeller im Totwasser, der soweit vom Fahrzeug entfernt ist, daß dort bereits wieder der ungestörte Druck, aber anstatt der ungestörten Geschwindigkeit v_1^* die durch Energieverlust verminderte $v_1^{*\prime}$ herrscht. Er verhält sich dann wie ein freifahrender Propeller, dessen Nutzleistung $S \cdot v_1^*$ anstatt $S \cdot v_1^{*\prime}$ ist. Die erforderliche Antriebsleistung dazu ist bei einem Flügelwirkungsgrad η_P:
$L' = S \cdot v_1^{*\prime}/\eta_P$
anstatt $$L = S \cdot v_1^*/\eta_P$$
beim freifahrenden Propeller. Da die Flügelwirkungsgerade η_P in beiden Fällen annähernd gleich sein werden, ist die für gleichen Schub S erforderliche Antriebsleistung L' beim Propeller im Totwasser kleiner als bei einem Propeller in ungestörtem Zustrom, und zwar ist angenähert

$$L' \approx L \cdot v_1^{*\prime}/v_1^*.$$

Diese Verhältnisse werden besonders durchsichtig, wenn man den extremen Sonderfall betrachtet, daß der Propeller alle durch den Widerstand verzögerten Stromfäden erfaßt und deren Geschwindigkeit gerade wieder auf die ursprüngliche Zustromgeschwindigkeit v_1^* erhöht. Fließt durch einen Stromfaden der Massenstrom $d\dot{m}$ und ist dieser auf die Geschwindigkeit $v_1^{*\prime}$ verzögert, so ist der sich aus der Verzögerung aller Stromfäden ergebende Widerstand

$$W = -\int (v_1^* - v_1^{*\prime})\, d\dot{m}.$$

Durch die Wiederbeschleunigung auf die Geschwindigkeit v_1^* durch den Propeller entsteht der Schub

$$S = \int (v_1^* - v_1^{*\prime}) \cdot d\dot{m} = -W.$$

Er reicht also gerade aus, um den Widerstand des Fahrzeuges zu überwinden. Da hinterher die Flüssigkeit wieder überall die ungestörte Geschwindigkeit v_1^* hat, so hat ihre kinetische Energie weder zu- noch abgenommen. Es ist kein Schraubenstrahl vorhanden, der maximale theoretische Wirkungsgrad ist demnach 1. Das Verarbeiten des Totwassers bringt also eine Verbesserung des Wirkungsgrades mit sich".

Schließlich wird S. 205 unten festgestellt, daß der Widerstandskörper bzw. das Fahrzeug geschleppt werden müsse; die Gesamtleistung kann und muß ihm also an der Stelle und mit dem Rechnungsgliede erteilt werden, wo beim Normalpropeller die Nutzleistung erscheint. BETZ schreibt es nicht ausdrücklich, daß Schleppleistung eben negative Nutzleistung ist; aber mit dem Satz: „Wenn wir das Fahrzeug ... verlustlos schleppen, so brauchen wir dazu die Nutzleistung $S \cdot v_1^*$ ...", hat er stillschweigend rechnerisch schon so gehandelt. Damit wäre alles in Ordnung gewesen, und dem Propeller hätte man auch nur $S \cdot v_1^*$ zuzuführen brauchen.

Man kann aber nun doch unmöglich, in der Hoffnung auf eine weitere Ersparnis, von Neuem eine Rechnung beginnen, auf der gleichen Grundlage, der Strahltheorie, und mit den gleichen Werten. Damit würde man ja in das eben erhaltene eigene Resultat Zweifel setzen:

$$L_{\text{erford.}} = S \cdot v_1^*.$$

Entweder ist das Ergebnis richtig, – und man würde es nicht hingeschrieben haben, wenn man nicht davon überzeugt wäre –, oder es ist unrichtig, was man mit dem Ausdruck umschreibt, es sei eine weitere Ersparnis zu erwarten.

Man hat sogar eben ausgesprochen, daß die errechnete Leistung verlustlos der Ausgleich der vom Widerstand verausgabten sei. Verlustloser als verlustlos kann aber keine Leistungsabgabe erfolgen. Aus dieser einfachen Feststellung folgt übrigens der von so vielen der Bearbeiter mißachtete Lehrsatz:

> Eine Ersparnis über die Differenz der Wirkungsgrade zweier verschiedener Antriebsarten hinaus, und hinein in den vom Widerstand verursachten, bereits verbrauchten Leistungsbetrag, ist grundsätzlich unmöglich, da Nichtbeeinflussung beider Organe Voraussetzung der Aufgabe war. Ein entnommener Leistungsbetrag muß einem Vorgang in genau gleicher Höhe wieder zugeführt werden, wenn der Vorgang stationär weitergehen soll.

Aber man rechnet S. 206 oben mit Gleichung (7) dennoch weiter. Hierbei ereignet es sich nun, daß Vorgang der Wirklichkeit und Rechnung auseinanderlaufen; man vergißt, daß man die Strahltheorie umgekehrt gebraucht hatte, und löst sie nach demjenigen Gliede auf, das vor der Umkehr die Gesamtleistung beim Normalpropeller darstellte, das jetzt aber, wie die Strahlleistung, nur noch eine Teil-Leistung, und zwar Leistungsverzehr ist, nämlich:

$$\int \frac{v_1{}^* + v_1{}^{*\prime}}{2} \cdot dS.$$

Dabei fällt das Glied, das man braucht, doch sofort in die Augen; das erste Glied rechts:

$$S \cdot v_1{}^*$$

eben das einzige, das man zuführen kann. Löst man nach ihm auf, und denkt man sich zur besseren Übersicht nach BETZ' eigenem Vorbild, anstatt die Integration auszuführen, eine Stromröhre mit über ihren Querschnitt konstantem Massenfluß $\dot{m}$, so erhält man:

$$\text{(I)}\quad S \cdot v_1{}^* = S \cdot \frac{v_1{}^{*\prime} + v_1{}^*}{2} + \dot{m} \cdot \frac{(v_1{}^* - v_1{}^{*\prime})^2}{2} = S \cdot \frac{v_1{}^{*\prime} + v_1{}^*}{2} + S \cdot \frac{v_1{}^* - v_1{}^{*\prime}}{2}$$

$$= S \cdot \left(\frac{v_1{}^{*\prime}}{2} + \frac{v_1{}^*}{2} + \frac{v_1{}^*}{2} - \frac{v_1{}^{*\prime}}{2}\right)$$

$$= S \cdot \left(\frac{v_1{}^* + v_1{}^{*\prime}}{2} + \frac{v_1{}^* - v_1{}^{*\prime}}{2}\right)$$

wie schon bekannt, und wie es nicht anders erwartet werden konnte.

Um nichts zu versäumen, lösen wir aber auch nach den anderen Gliedern auf:

$$\text{(II)}\quad S \cdot \frac{v_1{}^{*\prime} + v_1{}^*}{2} = S \cdot v_1{}^* - S \cdot \frac{v_1{}^* - v_1{}^*}{2}$$

$$= S \cdot \left(\frac{v_1{}^*}{2} + \frac{v_1{}^*}{2} - \frac{v_1{}^*}{2} + \frac{v_1{}^{*\prime}}{2}\right)$$

$$= S \cdot \left(\frac{v_1{}^{*\prime}}{2} + \frac{v_1{}^*}{2}\right)$$

$$\text{(III)}\quad S \cdot \left(\frac{v_1{}^*}{2} - \frac{v_1{}^{*\prime}}{2}\right) = S \cdot \left(\frac{v_1{}^*}{2} + \frac{v_1{}^*}{2} - \frac{v_1{}^{*\prime}}{2} + \frac{v_1{}^*}{2}\right)$$

$$= S \cdot \left(\frac{v_1{}^*}{2} - \frac{v_1{}^{*\prime}}{2}\right)$$

(II) + (III) muß natürlich wieder = Gesamtleistung (I) sein:

$$\underline{S \cdot \left(\frac{v_1{}^*}{2} + \frac{v_1{}^*}{2}\right) = S \cdot v_1{}^*}$$

Damit ist gleichzeitig die Tatsache erhärtet, daß (II) und (III) Teilleistungen von (I) sind. Gleichung (I) ist diejenige, die Verf. seit Jahren bekanntgegeben hat, meist mit den sonst von BETZ gebrauchten Bezeichnungen v_1 und v_2 statt $v_1{}^*$ und $v_1{}^{*\prime}$.

Experimente, also Befragungen der Wirklichkeit, ergeben das Gleiche:
A) In Luft erhielt Verf.:

Leistungsverbrauch Widerstand (Sieb)	32,1 mkp/sec
Leistungszufuhr zum Strahl hinter Sieb	34,2 mkp/sec

B) In Wasser erhielt die Hamb. Schiffbauversuchsanstalt:

Leistungsverbrauch Widerstand (Sieb)	7,18 mkp/sec
Leist.-Zufuhr zur Propellerwelle	7,31 mkp/sec

Also war die BETZsche Feststellung mit A) 93% bzw. B) 98% glänzend bestätigt, aber andererseits eine über die der Differenz $\eta_{\text{th Normalpropeller}}$ gegen $\eta_{\text{th Nachstrompropuls.}}$ hinausgehende Ersparnis widerlegt.

Sowohl in des Verf. Versuchen in Luft (Abschn. C, 1, Bild 4), wie in den Hamburger Versuchen (s. Abschnitt C2) wurde noch ein Übriges getan und festgestellt, ob der Leistungsverbrauch des Siebes sich durch An- oder Abwesenheit des dahinter liegenden Propellers ändere:

In Hamburg:	In Anwesenheit:	7,18 mkp/sec
	In Abwesenheit:	6,97 mkp/sec

Der Einfluß ist also unwesentlich. Einerseits liegt er an der Grenze der Meßgenauigkeit, andererseits könnte er ein Hinweis darauf sein, den Abstand Sieb–Propeller noch etwas größer zu wählen.

Wir können nun aber den weiteren Text Seite 206 auch noch von der physikalischen Seite her ernstlich betrachten (Zeile 6–20).

Da ist zunächst nochmals die Rede davon, daß $S \cdot v_1{}^{*\prime} < S \cdot v_1{}^*$ sei, was ja schon auf Seite 205 gesagt wurde, aber in keiner Weise bedeutet, daß das nun die für den Vorgang nötige Leistung sei. Dort ist gerade ausführlich auseinandergesetzt, daß die Geschwindigkeit des Nachstroms nach vorn durch diejenige des Propellers nach hinten aufgehoben sei im ruhenden System, im bewegten System des Fahrzeugs also zu $v_1{}^*$ gemacht, was miteinander identisch ist und zu $\eta_{\text{th}} = 1$ führte.

Trotzdem soll der soeben zur Ruhe gebrachte Nachstrom, dessen kinetische Energie auch nochmals hingeschrieben wird, jetzt noch ein zweites Mal herhalten für einen weiteren Gewinn. Z. B. ein Flügelrad, um absichtlich einen allgemeinen Ausdruck zu gebrauchen, könnte die bei ihm ankommende Strömung mit $v_1{}^{*\prime}$ entweder noch weiter verlangsamen, als das Sieb schon getan hat; dann ist es eine Windmühle, hat weitere Energie aus der schon langsamen Strömung herausgenommen und könnte sie an eine Welle abgeben; sie hat eine Axialkraft nach hinten, also Widerstand.

Oder das Flügelrad kann an seiner Welle Leistung von außen empfangen und sie an die langsame, ankommende Strömung abgeben, sie beschleunigen. Dann resultiert eine Axialkraft nach vorn, das Flügelrad macht Schub, es ist ein Propeller.

Er kann unter keinen Umständen Wellen-Leistung abgeben, sondern muß sogar solche noch zugeführt erhalten. Dazu muß entweder Drehrichtung oder Flügelblattstellung geändert werden, woraus folgt, daß ein Propeller auch eine Windmühle sein kann und umgekehrt, *niemals aber beides gleichzeitig* (Vergl. I).

Schließlich liegt auch noch eine Nichtbeachtung vektorieller Richtungen in diesem Abschnitt Seite 206 vor: Wenn alles eben Gesagte nicht entgegenstünde, so ist doch festzuhalten, daß der Geschwindigkeitsvektor der kinetischen Energie des Nachstroms nach vorn gerichtet ist, der des Propellerstahles, wie wiederholt gesagt, nach hinten. Von dieser Tatsache haben wir ja vorhin Gebrauch gemacht zum Zweck der gegenseitigen Auslöschung und des wirklichen Gewinnes durch $\eta_{th} = 1$.

Wollten wir etwa einen Umlenker gebrauchen, wie zum Bremsen eines Jet-Flugzeuges, so würde uns das nichts nützen, denn gerade die Umlenkkraft wäre ja eine Vermehrung des Widerstandes, und die dabei unvermeidlichen dissipativen Verluste würden die Sache verschlimmern statt verbessern.

Richtig ist von unserem betrachteten Abschnitt nur Zeile 17 und 18, und wir haben diesen Verlust bei Umkehr der Froude-Rankine-Gleichung ja berücksichtigt, der *vor* der Umkehr die Leistungszufuhr *zum* Propeller war.

VII. Schlichting-Folge-Theorien

Hierunter können wir mehrere Bearbeiter zusammenfassen, die fast genau der Theorie VI folgen, und dazu können wir auch die gleichen Verfasser-Bemerkungen gelten lassen. Nur einen Spezialfall gibt es darunter, der die fast bei allen Bearbeitern angeführte Bemerkung, es seien dissipative Verluste nicht eingerechnet oder sie seien besonders zu berücksichtigen, falsch verstanden hat. Natürlich hat das Sieb dissipative Verluste, wie stets angeführt wird. Betz nennt mit Recht diese Verluste ungeordnete Bewegung kleinster Teilchen (Turbulenz, letzten Endes Wärme), im Gegensatz zu geordneter Bewegung größerer zusammenhängender Massen, „wie es beim Propeller dessen Strahl," beim Sieb der Nachstrom ist. Eigentlich kann darüber gar kein Irrtum aufkommen. Man kann allenfalls von einer unkorrekten Ausdrucksweise sprechen, wenn man völlig allgemein von dissipativen Verlusten spricht. Man sollte daher besser sagen, daß „weitere dissipative Verluste" (nämlich außer den schon im Sieb vorkommenden!) nicht eingerechnet seien.

VIII. Theorie N. N.

schlägt folgendes vor:

Wir nehmen einen Test-Fall, wo jeder das gleiche Problem auf seine Weise mit den rechnerischen Resultaten darlegt. So kann man die verschiedenen Annahmen hoffentlich rasch erkennen.

Dabei sollten folgende Regeln eingehalten werden:

a) keine Polemik.
b) Zunächst kein Eingehen auf die Gedanken des anderen.
c) Verwendung nur der dafür ausreichenden Energie- und Impulssätze ohne Zitierungen – es sei denn von beidseitig und allgemein anerkannten Zwischenresultaten.

Als Problem scheint VIII die Kombination geeignet: „Sieb + Propeller“ (Abb. 1).

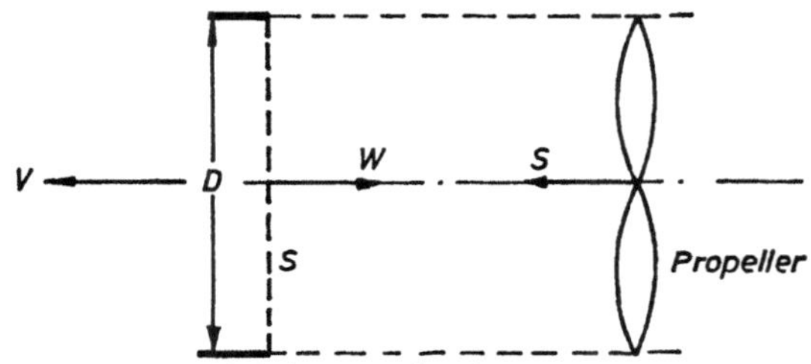

Abb. VIII; 1. Testfall.

Folgende Vereinfachungen sollen, wie bisher schon, gemacht werden:

α) Inkompressibilität.
β) Propeller reine *Kraftscheibe* ohne Reibung und Strahlrotation.
γ) Ganze Flüssigkeiten, die durch Sieb tritt, soll auch durch Propeller fließen (nicht mehr und nicht weniger).

Um das Resultat beidseitig auf gleiche Weise darzustellen, möchte VIII für das Sieb vom Durchmesser D (in der ja geläufigen Weise) den Weissbach-Koeffizienten ξ benutzen, indem definiert ist:

$$\text{Druckdifferenz } \Delta p \text{ am Sieb} = \xi \cdot \varrho/2 \cdot c^2,$$

wo c die mittlere Durchtrittsgeschwindigkeit *am Sieb* ist. Man kann die notwendige Propellerleistung darstellen als:

$$\underline{L = \varrho/2\, v^3 \cdot \pi/4\, D^2 f(\xi).}$$

Alle Unterschiede würden sich nur noch in der Funktion $f(\xi)$ ausdrücken.

Weiter schreibt VIII:

1. Es ist etwas eigentümlich zu sehen, wie wenig der deutsche große Experimentator Julius WEISSBACH (1806–1871) noch bekannt ist, wo doch jedermann seine Resultate weiter gebraucht (HÜTTE: Artikel BETZ; DUBBEL: Artikel ECK; etc.).
2. Um ein Sieb in bezug auf Durchtrittswiderstand zu charakterisieren, dürfte es zweifellos angebracht sein, diesen auf die Durchschnittsgeschwindigkeit zu beziehen, nicht auf eine andere, je nach Einbau etc. völlig verschiedene. Wenn man bei der Strahltheorie bleiben will, so kommen nur $\xi < 4$ in Betracht, wie schon FLACHSBART gezeigt hat. Das Heranziehen von sehr dichten Sieben oder gar vollen Platten mit ihren Rückwärtsströmungen und groben Turbulenzen widerspricht dem Sinne der Strahltheorie.
3. Wenn wir beim Testfall (Sieb + idealer Propeller) bleiben, so schreibt Verf. also für die Leistung, die an der Propellerwelle aufgebracht werden muß:

$$L_F = W_{\text{Sieb}} \cdot v_1 \quad (v = \text{Fluggeschwindigkeit})$$

im Gegensatz zur bisherigen Lehre:

$$L_H = W_{\text{Sieb}} \cdot c;$$

$$\left(c = \frac{v_1 + v_2}{2} = \text{Siebdurchtrittsgeschwindigkeit}\right).$$

Weiterhin heißt es:

Des Verfassers Annahmen der Geschwindigkeiten laufen darauf hinaus, nur einen Teil des Nachstroms auszunützen. Mit den Bezeichnungen (Relativsystem) (Abb. 2) bekommt man

$$c_S = \frac{v_1 + v_2}{2} \qquad c_P = \frac{v_3 + v_2}{2}.$$

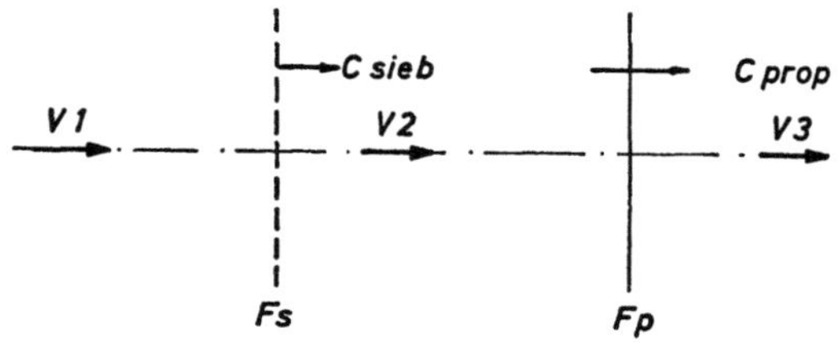

Abb. VIII; 2. Bezeichnungen im Relativsystem.

Über den *Widerstand* des Siebes sind alle einig:

$$W = \varrho \cdot F_S \cdot c_S (v_1 - v_2)$$

das soll nun gleich dem Schub des Propellers sein:

$$S = \varrho \cdot F_P \cdot c_P \cdot (v_3 - v_2).$$

Verf. nimmt nun an (wenn VIII recht gelesen habe):

$$\underline{v_3 = 2 \cdot v_1 - v_2}.$$

Daraus:

$$\begin{cases} v_3 + v_2 = 2\,v_1 & \underline{v_1 = c_P} \\ v_3 - v_2 = 2\,(v_1 - v_2) & \end{cases}.$$

Mit $W = S$ folgt für das Verhältnis der Flächen aus $F_S \cdot c_S\,(v_1 - v_2) - F_P \cdot c_P \cdot (v_3 - v_2)$

$$\frac{F_P}{F_S} = \frac{c_S\,(v_1 - v_2)}{c_P\,(v_3 - v_2)} = \frac{(v_1 + v_2)\,(v_1 - v_2)}{2 \cdot v_1 \cdot 2\,(v_1 - v_2)} = \frac{v_1 + v_2}{4 \cdot v_1} < 1.$$

Die Massenströme sind:

$$\dot{m}_S = \varrho \cdot F_S \cdot c_S$$

$$\dot{m}_P = \varrho \cdot F_P \cdot c_P$$

deren Verhältnis:

$$\frac{\dot{m}_P}{\dot{m}_S} = \frac{F_P \cdot c_P}{F_S \cdot c_S} = \frac{(v_1 + v_2)}{4\,v_1} \cdot \frac{v_1}{\frac{(v_1 + v_2)}{2}} = \frac{1}{2}.$$

Es wird also *nur die Hälfte des Nachstromes ausgenützt.* Die notwendigen *Leistungen* sind:

BETZ: $$L_B = \frac{\varrho \cdot F_S \cdot c_S}{2} \cdot (v_1^2 - v_2^2) = \frac{\dot{m}_S}{2}\,(v_1^2 - v_2^2)$$

FOCKE: $$L_F = \frac{\varrho \cdot F_P \cdot c_P}{2} \cdot (v_3^2 - v_2^2) = \frac{\dot{m}_P}{2}\,(v_3^2 - v_2^2).$$

Das Verhältnis ist:

$$\frac{L_F}{L_B} = \frac{\dot{m}_P}{\dot{m}_S} \cdot \frac{v_3^2 - v_2^{2\prime}}{v_1^2 - v_2^2} = \frac{1}{2}\,\frac{(v_3 - v_2)\,(v_3 + v_2)}{(v_1 - v_2)\,(v_1 + v_2)}$$

$$= \frac{1}{2} \cdot \frac{2\,(v_1 - v_2) \cdot 2\,v_1}{(v_1 - v_2)\,(v_1 + v_2)} = \frac{v_1}{\frac{v_1 + v_2}{2}} = \frac{v_1}{c_S}$$

wie es schon früher erhalten wurde.

Nun ist es klar, warum der Unterschied entstand.

Nützt man nur die *halbe* Masse des Nachstromes aus, so braucht man die Leistung $W \cdot v_1$, nützt man sie aber voll aus, so folgt

$$W \cdot c_S = W \cdot \frac{v_1 + v_2}{2}.$$

Beide Resultate sind auf *gleiche Weise* erhalten; die *Minimal-Leistung*, die VIII allein interessant scheint, ist also $W \cdot c_S$. Der Energiesatz ist aber in *beiden Fällen* in Ordnung.

Trotz dieses höchst seltsamen Ergebnisses, daß ein physikalischer Vorgang je nachdem, ob er einem Menschen interessant ist oder nicht, eine bestimmte Leistung nötig hat oder nur einen Teil davon, unternimmt VIII weiterhin dafür eine analytische Begründung wie folgt:

1. Es ist uns beiden wohl klar, daß im *relativen* System (Sieb und Propeller in Ruhe, Luft im Unendlichen mit v_1 nach rechts bewegt) mit den Annahmen: v_2 vor dem Propeller, v_1 nach dem Propeller, die Mittelgeschwindigkeit

$$c_P = \frac{v_1 + v_2}{2}$$

nach der *üblichen* Theorie herauskommt. Die Leistung des Propellers wäre dann

$$L = S \cdot \frac{v_1 + v_2}{2}$$

(gleichzeitig auch als L_N an der *Welle* erforderlich.)

2. Verf. bestreitet diesen letzten Passus indem er eine *zusätzliche* Leistung

$$S \cdot \frac{v_1 - v_2}{2}$$

fordert und diese mit der *absoluten Vorlauf*geschwindigkeit $v_1 - v_2$ im Raume zwischen Sieb und Propeller in Verbindung bringt.

3. Nun zeigt des Verf. Abbildung (untere Hälfte), daß er als *relative* Propellerdurchlauf*geschwindigkeit* die Summe

$$c_P' = \frac{v_1 + v_2}{2} + \frac{v_1 - v_2}{2} = v_1$$

schreibt, also annimmt, daß c_P *nicht mehr* die *halbe Summe* von v_2 und v_3 ($= v_1$) sei. Das führt meiner Meinung nach zu einem Widerspruch mit Energie- und Impulssatz, der nur gelöst werden könnte, wenn man als v_3 den Betrag $2\,v_1 - v_2$ nimmt. So will er die Sache offenbar *nicht* ansehen, obwohl VIII keinen anderen Weg weiß, wenn man *konsequent* im *Relativ*system bleiben will.

4. Wir müssen also in der *Mischung* von Absolut- und Relativgeschwindigkeiten die *Wurzel* der Meinungsdifferenzen sehen. Wenn man jetzt aber die Forderung aufstellt, daß man solche Mischungen *nicht* zulassen darf, wird es nützlich sein, die ganze Betrachtung ebenso konsequent im *absoluten* System durchzuführen. VIII habe das gemacht, die Rechnung

sei formell sehr einfach, wenn man daran denke, daß die absolute Strömung *nicht mehr stationär* sei.

5. Im *absoluten* System (Sieb und Propeller mit v_1 nach links bewegt, Luft im Unendlichen in Ruhe) ergeben sich die *Widerstands-* bzw. *Schub*-Leistungen $W \cdot v_1$ bzw. $S \cdot v_1$.

Während Verf. auch hier $S \cdot v_1$ als *Wellen*leistung betrachtet, „um mit dem Energiesatz nicht in Widerspruch zu geraten", ergibt eine *konsequente* Überlegung ein anderes Resultat. Die Gründe dafür sind nun folgende:

Die absolute Widerstandsleistung $W \cdot v_1$ zerfällt in *zwei* Teile:

a) in eine *Erwärmung* der Luft
b) in Produktion von *kinetischer Energie* im *Vor*laufstrom.

Während a) irreversibel und mechanisch *nicht* mehr verwertbar ist, ist b) im Prinzip noch *verwertbar.*

Das ist nun der *springende Punkt:* Die kinetische Energie ist im Zwischenraum vorhanden, beim Durchtritt durch den Propeller (wir sind im *absoluten System!*) *verschwindet* sie aber, genauer gesagt wird deren Leistung ΔL an den Propeller *zurückgegeben.* Dessen *Wellen*leistung ist jetzt nur noch

$$L_W = S \cdot v_1 - \Delta L$$

und entspricht dem Anteil a), was man auch aus allgemeinen Gründen annehmen muß, weil die das System (Sieb + Propeller) verlassende Luft bei $v_3 = v_1$ ja *keine* (absolute) kinetische Energie mehr hat.

4. (Soll wohl 6. sein) VIII sagt, er habe die diesbezügliche einfache Rechnung sorgfältig geprüft und komme ohne Mühe zum Resultat, daß

$$L_W = S \cdot \frac{v_1 + v_2}{2} \quad \left(\text{d. h. } \Delta L \text{ ist gerade } S \cdot \frac{v_1 - v_2}{2}\right)$$

sei; dieselbe *Wellenleistung* wie im *relativen* System.

Das müsse aber auch unbedingt erwartet werden, denn Schub und Wellenleistung dürften doch *nicht davon abhängen,* ob man das System (Sieb + Propeller) von einem ruhenden oder mitbewegten Fahrzeug aus betrachte. Man könne ja auch z. B. die Einrichtung von einem mit der absoluten Geschwindigkeit v_1 *entgegen*fliegenden Flugzeug aus betrachten, dann wären die Widerstands- und die Schubleistungen doppelt so groß, während die Wellenleistung sich dadurch zweifellos nicht ändere. Oder das andere Extrem: Bei der relativen Betrachtung seien ja Widerstands- und Schubleistungen *Null,* die Wellenleistung aber natürlich unverändert vorhanden.

Bemerkungen des Verfassers zu VIII

Der Verlauf der Angaben zur Theorie VIII war der seltsamste von allen, weil nacheinander zusammenhangslos lauter verschiedene Ansichten geäußert und Entwicklungen vorgebracht wurden. Ein Eingehen auf solche des Verfassers, ja der eigenen früheren, geschah selten, nur im letzten Falle etwas eingehender, und gerade in diesem geht VIII von einer Formel aus, die Verf. nie behauptet hat.

Die erste mündliche Äußerung von VIII war, man dürfe nur mit BERNOULLI rechnen. Eine mechanische abzugebende Leistung anzusetzen sei ganz überflüssig (obwohl die letztere zu liefern doch der einzige Sinn und Zweck eines Propellers ist).

Was anfangs geschildert wird, war und ist doch das Problem! Hat jemand oder der Verfasser einmal etwas anderes gesagt? Es ist doch 39 Jahre alt und von BETZ damals genau so formuliert wie VIII es heute tut. Die Punkte α bis γ waren auch stets eingeschlossen.

Dann aber folgen willkürliche Forderungen. Sie waren Verfahrensfragen gegenüber dem „anderen“. Wer stellt fest, was „ausreichend“ ist? Der WEISSBACH-Koeffizient z. B. ist in Deutschland völlig ungebräuchlich; man rechnet einfach mit c_W, bezogen auf v_1, nicht auf die Mittelgeschwindigkeit. Warum soll man es komplizierter machen als bei jedem anderen Widerstandskörper? Wenn Verf. recht versteht, so ist dann:

$$c_W = \xi \cdot \frac{c^2}{v_1^2}. \tag{1}$$

Wir sagen für v in der Aerodynamik gewöhnlich beim Nachstrom-Problem v_1, und für die Geschwindigkeit hinter dem Sieb v_2. Dann ist:

$$c = \frac{v_1 + v_2}{2}; \quad v_2 = 2\,c - v_1.$$

Warum soll man das dann nicht einfacher schreiben:

$$W = \frac{\varrho}{2} \cdot F \cdot v_1^2 \cdot c_{W\,\text{Sieb}}; \quad L_{\text{gesamt}} = W \cdot v_1\,? \tag{2}$$

wie Verfasser es immer getan hat?

Nimmt man den lange feststehenden theoretischen Wirkungsgrad des Propellers in Nachstrompropulsion von 100% hinzu, so ist das auch die dem Propeller zum Schieben des Siebes an der Welle zuzuführende Leistung. Niemals hat Verf. etwas anderes behauptet. Des Verf. frühere Arbeiten enthalten dasselbe, nur sind darin die 100% nochmals nachgewiesen; dann muß man natürlich die einzelnen Leistungsbeträge mitnehmen. Es erscheint dann:

$$L_{\text{ges.}} = W \cdot \left(\frac{v_1 + v_2}{2} + \frac{v_1 - v_2}{2} \right). \tag{3}$$

was mit (2) identisch ist.

Ausdrücklich muß Verf. darauf aufmerksam machen, daß im Gegensatz dazu man bisher:

$$L = W \cdot c \text{ bzw. } W \cdot \frac{v_1 + v_2}{2} \tag{4}$$

geschrieben hat. Das soll wohl, wenn das Sieb recht dicht ist, also c klein, eine hervorragende „Ersparnis" geben! Wie ist es möglich, daß man dem recht geben kann?

Trotzdem war der erste „Testfall" nicht unrichtig und enthielt offensichtlich $W \cdot v_1$, denn die erforderliche Leistung sollte sein:

$$L = \frac{\varrho}{2} \cdot v^3 \cdot \frac{\pi}{4} \cdot D^2 \cdot (f)\, \xi.$$

Darin steht v^2 zur Bildung des Staudruckes für die Widerstandsermittelung und dann noch einmal v^1 für die zurückgelegte sekundliche Strecke, was sicherlich zutrifft. Daß das Ungewöhnliche getan und ξ statt c_W, wie normal, eingesetzt wurde, war eine Unbequemlichkeit, aber kein Verstoß gegen algebraische oder physikalische Gesetze.

Wenn wir die deutschen Bezeichnungen nehmen, v_1 vor dem Sieb, v_2 hinter ihm, ist c, wie gesagt, $\frac{v_1 + v_2}{2}$. Wird das Sieb völlig dicht, also $v_2 = 0$, so heißt es mit $F = 1\ \text{m}^2$:

$$c = \frac{v_1}{2}\,; \quad W = \xi \cdot \frac{\varrho}{2} \cdot 1 \cdot \left(\frac{v_1}{2}\right)^2,$$

alles im bewegten System. Mit unserer Schreibweise heißt es:

$$W = c_{WS} \cdot \frac{\varrho}{2} \cdot 1 \cdot v_1^2.$$

Da wir c_W der festen Platte 1,2 setzen können, wäre dann $\xi = 2^2 \cdot 1{,}2 = 4{,}8$. Freilich kümmert man sich hierbei nicht darum, daß die Platte in Wahrheit nicht von der halben Geschwindigkeit durchdrungen werden kann.

Damit ist die von VIII erwähnte, wohl von niemandem geleugnete Bedingung γ nicht erfüllt. Mangels Masse ist kein Propeller imstande, die gerechnete Leistung des Siebverbrauchs hinter dem Sieb (der jetzt festen Platte), zu erzeugen, es sei denn mit der Leistung unendlich. In der *Wirklichkeit* geht also ξ bei sehr dichter Platte gegen unendlich, wenn man mit der Formel von VIII auch die erforderliche Propellerleistung rechnen will.

Verzichtet man auf die Betrachtung der Wirklichkeit, so erhält man trotzdem ein quantitativ sehr nahe richtiges Ergebnis für den Leistungsverbrauch des Siebes. Mit Beachtung der Wirklichkeit wird aber die dazu erforderliche Propeller-Leistung im Nachstrom ∞. Die Gleichung:

$$L = \frac{\varrho}{2} \cdot v_3 \cdot 1 \cdot \xi \cdot \frac{c^2}{v^2}$$

bleibt trotzdem auch für die Propellerleistung richtig, nur endet ξ dann mit unendlich statt 4,8.

Weiterhin sprach VIII von alledem überhaupt nicht mehr, obgleich Verf. verfuhr, wie er es erbeten hatte. Von den vorgelegten experimentellen Nachweisen nahm er auch keine Notiz. Es kam ein neuer ganz anderer Testfall, der aber gar keiner ist, sondern das Verlangen, einfach die bisherige Formel

$$L = W \cdot \frac{v_1 + v_2}{2}$$

anzuerkennen. Die einzige Stütze für dieses Verlangen sollte sein, daß es „zweckmäßig sein *dürfte*, auf die Durchtrittsgeschwindigkeit zu beziehen“; mit obigem Satz hat VIII ausgesprochen, daß die Fortbewegung einer Widerstandskraft W mit der Geschwindigkeit v_1 in der Leistung nicht $W \cdot v_1$ sei. Jede weitere Diskussion war damit überflüssig geworden. Schließlich kam die allermerkwürdigste Äußerung: Die alte Betzsche Formel:

$$L = W \cdot \frac{v_1 + v_2}{2},$$

und diejenige des Verfassers:

$$L = W \cdot \frac{v_1 + v_2}{2} + \frac{v_1 - v_2}{2},$$

seien auf gleicher Grundlage aufgebaut.

Bearbeiter VIII ziehe jedoch die Betzsche vor, da sie die kleinere Leistung gäbe! In beiden Fällen sei aber dem Energie-Gesetz genüge getan!

Der Grund dieser eigenartigen Feststellung beruht nur darauf, daß VIII dem Verf. eine Formel unterstellt, die dieser nie ausgesagt hat. Infolgedessen ist seine ganze lange Rechnung dazu zwecklos.

Der Irrtum ist freilich leicht dadurch zu erklären, daß das Zusammenwirken des Nachstroms mit der an sich zu kleinen Propellernutzleistung $S \cdot v_2$ (s. IIIb) nicht verstanden wurde. Infolgedessen besteht auch nur Einigkeit über W, solange es elementar aus Masse mal Beschleunigung abgeleitet wird, und im Gegensatz zur Meinung von VIII hängt Durchtrittsgeschwindigkeit und Widerstand außerordentlich stark vom Einbau ab. Das ξ hat also keineswegs die behauptete Unabhängigkeit vom Einbau (s. Zitat FLACHSBART in IX, Kurve Bild 188).

Ferner ist bei VIII zu bedenken: Will man ξ auf v beziehen, also wirklich wie beim üblichen c_W handeln, so muß man diesen Koeffizienten doch wohl um soviel kleiner wählen, wie sich die Quadrate der beiden verschiedenen Geschwindigkeiten zueinander verhalten. Denn VIII bezieht ξ auf c^2. Dann ist doch wohl richtig, wenn man mit der Fahrgeschwindigkeit v rechnet, zu schreiben:

$$c_W = \xi \cdot \frac{c^2}{v_1^2}.$$

Mit deutschen Bezeichnungen würden wir schreiben:

$$c_{WS} = \xi \cdot \frac{\left(\frac{v_1 + v_2}{2}\right)^2}{v_1^2}.$$

W hatten wir schon oben bestimmt. Um die Leistung zu erhalten, brauchen wir es nur noch mit v_1 zu multiplizieren. Also verlangt das Sieb vom Propeller

$$W \cdot v_1.$$

Die bei VIII für ξ einzusetzende Funktion ist ja durch die Berechnung von c_W aus ξ gegeben.

In Wirklichkeit ist es doch so, daß wir das ξ frei bestimmen können, vom dünnen Schleier bis zum Blech mit wenigen Löchern, im Extrem der festen Platte, wo besagter Rechnungsgang nicht mehr sinnvoll ist. Wenn der Propeller keine Massen mehr erhält ($v_2 = 0$), kann er auch keinen Schub und keine Leistung mehr hervorbringen.

Sehr sorgfältig hat FLACHSBART in Göttingen Siebwiderstände gemessen, jedoch natürlich auch auf v bezogen (siehe auch IIIa). Verf. hat sie für Berechnungen über den ganzen Siebdichte-Bereich benutzt. Um mit der Ausdrucksweise von VIII zu sprechen, könnte man also in der Leistungsausgleichung:

$$(f)\ \xi = \frac{c^2}{v^2}$$

ansetzen. Natürlich müßten die Verluste besonders berücksichtigt werden.

Was geschieht eigentlich bei dem Gedankenexperiment im Windkanal? Ein Sieb mit dem Widerstand W bei der anblasenden Kanalgeschwindigkeit v_1 soll durch den Propeller hinter ihm im Windkanal derart festgehalten werden, daß die Widerstands-Waage Null zeigt (alle Korrekturen Windkanal, Drahtwiderstand etc. richtig berücksichtigt). Dann muß der Propeller unabweisbar in Form seiner mechanischen Leistung

$W \cdot v_1$ *abgeben*. Sonst wäre ja die ganze Analogie Windkanal–Wirklichkeit ungültig, also die berühmte, POINCARÉ gestellte Frage niemals positiv zu beantworten. Man könnte kein Flugzeug im Windkanal prüfen. Diese Frage hängt noch gar nicht damit zusammen, wie der Propeller seine Arbeit fertigbringt.

Erst einmal sprechen wir vom Sieb. Ihm ist die Leistung $W \cdot v_1$ zuzuführen, dafür ist nur die Verbindungsstange zwischen Sieb und Propeller da. Diese muß er mit der Kraft W sekundlich um v_1 vorschieben, das macht eben $S \cdot v_1 = W \cdot v_1$ aus, *unerbittlich*.

Und nun kommt das Entscheidende: Das *kann* er gar nicht. Laut FROUDE-RANKINE braucht ein Propeller, *allgemein* gesprochen, als Gesamtleistung an der Welle, wenn $S \cdot v_1$ geleistet werden soll:

$$L_{\text{ges.}} = S \cdot \frac{v_1 + v_3}{2}$$

davon für die Fahrt:

$$L_F = S \cdot v_1 .$$

Um aber überhaupt S zu erzeugen, braucht er *außerdem* als Erhöhung der kinetischen Energie der ihn passierenden Luftmasse $\dot{m}$:

$$L_{\text{Strahl}} = \frac{(v_3 - v_1)^2}{2} \cdot \dot{m} ,$$

so daß

$$L_{\text{gesamt}} = S \cdot \frac{(v_3 - v_1)}{2} + S \cdot v_1$$

wird, wo v_3 die Geschwindigkeit hinter dem Propeller nach Druck-Ausgleich, also Parallelwerden des Strahles heißen soll. Somit ist das, was VIII übliche Theorie nennt, ganz richtig.

Aber im *Nachstrom* liegt in der Wirklichkeit des Vorganges etwas ganz anderes vor: Wohl sind die *Beträge* der Mittelgeschwindigkeit im Sieb und Propeller die gleichen, was selbstverständlich ist, da vorn v_1 war, und wir $v_3 = v_1$ hinten verlangen. *Alle Bearbeiter bis 1964 haben aber nicht gesehen, daß die Vorgänge im Sieb und Propeller nicht einfach analog sind.* Die Anblasung des Siebes ist v_1 und seine gesamte Leistungswegführung daher:

$$W \cdot v_1 = W \cdot \left(\frac{v_1 + v_2}{2} + \frac{v_1 - v_2}{2} \right)^{*)} ,$$ die des Propellers v_2,

*) Das letzte Glied entstanden aus: $- \dot{m} \frac{(v_2 - v_1)^2}{2}$ der Strahltheorie-Gleichung. Man könnte diese Form auch stehenlassen. Dann entsteht beim Einsetzen von Zahlenwerten der Vorzeichenwechsel von selbst, da beim Propeller $v_2 > v_1$, beim Sieb aber $v_2 < v_1$ ist.

mit dem Ergebnis, daß der Propeller *nicht* $S \cdot v_1$, sondern eben nur $S \cdot v_2$ mechanisch an das Sieb abgeben kann. Seine Aufgabe wäre also ohne weiteres gar nicht erfüllbar. Es wird vergessen, die verschiedenen Anströmungsverhältnisse von Sieb und Propeller zu bedenken. *Aus* $S \cdot v_2$ *wird niemals von selbst* $S \cdot v_1$!

Wir können aber einen Helfer rufen, den Nachstrom, besser Nach*lauf* des Siebes, dessen sekundliche Energie vorn innerhalb der Leistung $W \cdot v_1$ ohnehin mitverbraucht wurde, und auch vom Propeller innerhalb von $S \cdot v_1$ ersetzt werden muß.

VIII sollte sich jetzt nicht wundern, wenn wir sagen, der Nachstrom sei im ruhenden System $v_1 - v_2$. Wenn wir die Übergänge von einem System in das andere *richtig* im Einklang mit dem wirklichen Vorgang vollziehen, sind sie erlaubt, ja, sogar notwendig. Denn die Fahrt in der Wirklichkeit findet im ruhenden System statt, während der Propeller nach der Betzschen Regel im bewegten System, d. h. mit v_2, zu rechnen ist. Da aber die ganze Masse am Propeller mit $v_1 - v_2$ im ruhenden System vorwärts geht, und wir soeben eine Bewegung von v_2, also eine Leistung vom Propeller (Nutzleistung) $S \cdot v_2$ erhalten konnten, legt der Propeller im ruhenden System $v_2 + v_1 - v_2$ zurück, also v_1.

Das gilt natürlich eben nur dann, wenn wir den Nachstrom innerhalb der Gesamtleistung auch wirklich mitübernehmen, und damit kommen wir von selbst und ohne daß Verf. irgend etwas „fordere", zu:

Punkt 2.: Es wird dann nämlich:

$$S \cdot v_1 = W \cdot v_1 = S \cdot \frac{v_1 + v_2}{2} + \dot{m} \cdot \frac{(v_1 - v_2)^2}{2}$$

und nach dem Impulssatz:

$$S \cdot v_1 = S \cdot \frac{v_1 + v_2}{2} + S \cdot \frac{v_1 - v_2}{2}.$$

Es ist also ganz richtig, daß, *zusammen* mit der ungenügenden Leistung $S \cdot v_2$, die absolute Vorlaufgeschwindigkeit unser Fahrzeug mit der geforderten Fahrt v_1, und damit leistungsmäßig mit $S \cdot v_1 = W \cdot v_1$ sich bewegen läßt. Dieses ist alles weiter gar nichts als Strahltheorie Froude-Rankine für eine Anströmung des Propellers mit nur v_2. Das erforderliche v_1 wird in Ordnung gebracht dadurch, daß das umgebende Medium mit $v_1 - v_2$ im ruhenden System fortschreitet. Man braucht das keineswegs künstlich „in Verbindung zu bringen". Nochmals: *Sieb:* Negative Nutzleistung oder Schleppleistung gleich Leistungswegführung im Sieb plus Strahlleistung nach vorn oder Nachstromleistung. *Propeller:* Hiergegen gesetzt den Ausgleich durch den Propeller: Schub- oder Fahrleistung gleich Leistungszuführung an der Welle in die Propellerebene plus Strahlleistung nach hinten.

Verf. wiederholt: *Allein* kann der Propeller nicht $S \cdot v_1$ leisten, er hat die Hilfe durch den Nachstrom des Siebes *nach vorn* absolut nötig. Das hierdurch gewonnene Stück $v_1 - v_2$ hat er beim *Strahl nach hinten* kinematisch und damit auch energetisch zu „bezahlen", denn im Strahl *nach hinten* ist natürlich ein Abzug, was bei der Fahrt *nach vorn* ein Plus war. Es ist so unbegreiflich, daß dieser einfache Sachverhalt nicht verstanden wird. Dazu blickt niemand in die *Wirklichkeit*, die Versuche in Luft wie in Wasser, die das bestätigen, wie man es besser nicht wünschen kann.

Zu Punkt 3. hatte Verf. gar nichts „anzunehmen", sondern nur anzusetzen, was wir soeben sahen. Da das Medium vor dem Propeller mit $v_1 - v_2$ im ruhenden System nach vorn geht, genügt es eben nicht, daß er v_1 nach hinten ausstößt, um das Medium im ruhenden System anzuhalten, oder im bewegten System v_1 zu erhalten. Man würde immer $v_1 - (v_1 - v_2)$ erhalten. Wir befinden uns nicht in einem FROUDE-Fall, wo gilt, daß v' die Hälfte von An- plus Abstrom ist. Ein Teil von v_1 wurde buchstäblich durch „Mitnehmen" erreicht, und dafür haben wir energetisch zu büßen. Es ist ganz recht, die Propeller*durchlauf*geschwindigkeit ist:

$$\frac{v_1 + v_2}{2} + \frac{v_1 - v_2}{2},$$

aber das Relativsystem entsendet in das ruhende System nur v_1, weil der Propeller selbst je Sekunde immer um $v_1 - v_2$ nach vorn versetzt wird. Nur so wird $v_{3\,\text{ruhe}} = 0$.

Punkt 4. dürfte dadurch erledigt sein, daß wir in beiden Systemen arbeiten *müssen* (s. Punkt 1.) und dürfen, wenn wir die Übergänge richtig vollziehen.

Punkt 5. ist für Verf. außerhalb jeder Diskussionsmöglichkeit. Ein Propeller kann wohl auch eine Windmühle sein, aber niemals beides gleichzeitig. Und VIII erwähnte ganz richtig, daß das Energiegesetz gebietet, in einem Vorgang, der zeitlich gleichbleibend verlaufen soll, müsse die zweifellos sekundlich verbrauchte Energie auch wieder zugeführt werden. Daß der Vorlauf (negativer Strahl), im Vorgang einen Dienst tun kann und muß, haben wir soeben gesehen. Wir haben auch so gerechnet. Es muß aber der Vorlauf erzeugt werden und auch der Strahl. Es ist ganz richtig, daß sie sich, wenigstens in der Theorie, genau aufheben und damit der Wirkungsgrad 1 wird. Keine kinetische Energie bleibt als dem Vorgang verloren im ruhenden System zurück. Deshalb brauchen sie aber dennoch beide ihre Leistung. Die Verzögerungsleistung wird innerhalb $W \cdot v_1$ aufgebracht. Ihr Gegenwert $S \cdot v_1$, Beschleunigung, muß an der Propellerwelle zugeführt werden. $\eta_{th} = 100\%$ *sagt nicht Leistung Null.* Die erforderliche Leistung wird nur *völlig* verwertet für den Vorgang. $S \cdot v_1$ braucht daher nur ohne Einsetzen eines $\eta_{th}\,\zeta$ an der Welle zugeführt zu werden. Aber alles, was darüber hinaus geht, ist eine schöne Illusion. Die Wirklichkeit gibt die unzweifelhafte Antwort und macht die phantastische Physik, ein Propeller könnte aus einer bei ihm ankommenden Strömung Leistung entnehmen und trotzdem einen Schub gegen diese Strömung erzeugen, nicht mit. Wäre das so, so könnte jedes Flugzeug aus seiner Anströmung von vorn Leistung gewinnen, und damit Schub für seinen eigenen Vorwärtsflug erzeugen. Wir wären dann ernstlich beim perpetuum mobile angelangt. Der Vorwurf, Verf. habe Bezugssysteme „vermischt", fällt also auf VIII zurück!

Weitere Frage: Hat VIII selbst Versuche über Nachstrompropulsion gemacht und/oder des Verf. Windkanalmessungen oder die Hamburger Messungen in Wasser sorgfältig gelesen? Wenn ja, möge VIII erklären, wie es möglich ist, daß die Wirklichkeit *die* Antwort gibt, die in des Verf. Formel steht und nicht diejenigen, die die Theorie seit Jahrzehnten aussagt. Von des Verf. eigenen Messungen könnte VIII annehmen, daß sie vielleicht ein wissenschaftlicher Schwindel seien, bei den Hamburger Versuchen ist das unmöglich. Herr Lerbs war sehr vorsichtig und stellte sich auf den Standpunkt: „Ich kann als Direktor der Anstalt nur Resultate exaktester Messungen geben, für die garantiere ich aber auch. Die Auftraggeber müssen selbst wissen, welche Schlüsse sie daraus ziehen."

Andererseits hat er, als Verf. zwei Meßfehler unter den zahllosen Meßwerten fand, sofort reagiert, alle Meßprotokolle durchsehen lassen, die zwei Fehler gefunden und Verf. die Korrekturen mitgeteilt; diese Schrift enthält sie bereits.

Weitere Frage: hat VIII noch nie überlegt, daß ein nur normal guter Propeller ein $\eta_{th} \cdot \zeta$ von etwa 80% hat in der Praxis? Die Nachstrompropulsion habe z. B. $\zeta = 90\%$, also auch $\eta_{th} \cdot \zeta = 90\%$. Da es Wirkungsgrade über 100% nicht gibt, ist die Größenordnung, die wir gewinnen können, schon im Prinzip nur rund 10%. Und bisher wollte man bis 60% sparen!

IX. Theorie Flachsbart

In: „Ergebnisse der Aerodyn. Vers.-Anst., Göttingen, IV. Lieferung, S. 117, herausgegeben von L. Prandtl und A. Betz 1932", findet sich eine ausführliche Arbeit von Flachsbart über den Widerstand von Sieben. Es heißt:

Oben ab Zeile 4: „Die Druckdifferenz dicht vor und dicht hinter dem Sieb ist:

$$p_1 - p_2 = \varrho \cdot v_1 (v_1 - v_2);$$

Impulssatz!" Also $F \cdot (p_1 - p_2)$ ist der Siebwiderstand; wir kürzen ihn ab als Flächenbelastung eines Siebes von 1 m² und bezeichnen ihn als W. Aus Zeile 6 folgt dann:

$$-v_1 = v_2 - 2 \cdot \frac{v_1 + v_2}{2}$$

$$v_1 = 2 \cdot \frac{v_1 + v_2}{2} - v_2$$

und die erforderliche Leistung:

$$L_{\text{erford.}} = W \cdot v_1 = 2 \frac{v_1 + v_2}{2} \cdot W - v_2 \cdot W$$

$$W \cdot v_1 = \left(\frac{v_1}{2} + \frac{v_2}{2} + \frac{v_1}{2} + \frac{v_2}{2} - \frac{v_2}{2} - \frac{v_2}{2}\right) \cdot W$$

$$W \cdot v_1 = W \cdot \left(\frac{v_1 + v_2}{2} + \frac{v_1 - v_2}{2}\right)$$

und mit der Masse $\dot{m}$/sec:

$$W \cdot v_1 = W \cdot \frac{v_1 + v_2}{2} + \dot{m} \cdot \frac{(v_1 - v_2)^2}{2},$$

sowie mit der Nachstromgeschwindigkeit $v_{\text{Na}} = v_1 - v_2$:

$$\underline{W \cdot v_1 = W \cdot \frac{v_1 + v_2}{2} + \dot{m} \cdot \frac{{v_{\text{Na}}}^2}{2}}.$$

Bemerkungen des Verfassers zu IX

Man sieht also, daß aus einer 37 Jahre alten Schrift des klassischen Göttinger Kreises schon das gleiche Ergebnis hervorgeht, das in III gefunden wurde. Das Alter von 37 Jahren dieser Schrift erscheint wichtig, da keinerlei Zusammenhang mit dem Einfluß von späteren Auffassungsdifferenzen eingewirkt haben kann, und außerdem die Folgerungen mit sieben Zeilen elementarer Algebra gefunden werden.

Da das Sieb mit $W \cdot v_1$ geschleppt werden muß, ist dafür $S \cdot v_1$ vom Propeller als gelieferte mechanische Leistung anzusetzen, wie bereits oft erörtert. Und da niemand den Wirkungsgrad 1 seit Betz für Nachstrompropulsion anzweifelt, ist das auch die dem Propeller an seiner Welle zuzuführende Leistung.

X. Weitere Bearbeiter

In diesem Abschnitt sei zusammenfassend einer Anzahl von Strömungsfachleuten gedacht, die mit der nachfolgenden Kurzfassung von Theorie III ihre Übereinstimmung geäußert haben:

Im Jahre 1928 hielt Herr Prof. Betz vor der „Schiffbautechnischen Gesellschaft“ in Hamburg einen Vortrag mit dem Thema „Über den

Wirkungsbegriff beim Propeller"; nach dem Normal-Propeller kommt er auf die Nachstrompropulsion zu sprechen, deren Schub S sei, und er schreibt ZFM S. 171/73 den Text nieder, u. a.: „... Denken wir uns, um die Verhältnisse quantitativ bequemer übersehen zu können, an Stelle des Fahrzeuges ein Sieb, welches der durchfließenden Flüssigkeit Energie entzieht, so daß die Geschwindigkeit derselben vermindert wird. Wir wollen das Sieb zunächst als ruhend annehmen und lassen die Flüssigkeit mit der Geschwindigkeit v_1 dagegen strömen. In einiger Entfernung hinter dem Sieb, wo die Drücke wieder ausgeglichen sind, habe die Flüssigkeit die Geschwindigkeit v_2 (Abb. I; 1). Ist $\dot{m}$ die Masse der Flüssigkeit, welche sekundlich durch das Sieb hindurchtritt, so ist nach dem Impulssatz der Widerstand des Siebes:

$$W = \dot{m}\,(v_1 - v_2).$$

Wenn wir das Sieb nicht als ruhend ansehen, sondern annehmen, daß es sich mit der Geschwindigkeit v_1 (entgegen der bisher betrachteten Strömungsrichtung) in ruhender Flüssigkeit bewegt, so muß nach unserer letzten Definition die Nutzleistung

$$\underline{W \cdot v_1 = S \cdot v_1}$$

aufgebracht werden. Wir ordnen nun den Propeller so an, daß er gerade die ganze vom Sieb verzögerte Flüssigkeit erfaßt. Um einen Schub gleich dem Widerstand zu erzeugen, muß er nach dem Impulssatz diese Flüssigkeit von der Geschwindigkeit v_2 gerade wieder auf die Geschwindigkeit v_1 beschleunigen.

Da nach einer bekannten Überlegung aus der Propellertheorie die Durchflußgeschwindigkeit durch den Propeller

$$v' = \frac{v_1 + v_2}{2}$$

ist, so *wäre*, wenn sonst keine Verluste vorhanden wären, dazu eine Leistung:

$$L = W \cdot v' \text{ erforderlich, } = < W \cdot v_1.$$

Danach wäre also die *verbrauchte* Leistung kleiner als die zur Fortbewegung mit v_1 nötige."

Wir schreiben in 1968:

„... Denken wir uns, um die Verhältnisse quantitativ bequemer übersehen zu können, an Stelle des Fahrzeuges ein Sieb, welches der durchfließenden Flüssigkeit Energie entzieht, so daß die Geschwindigkeit derselben vermindert wird. Wir wollen das Sieb zunächst als ruhend annehmen und lassen die Flüssigkeit mit der Geschwindigkeit v_1 dagegen strömen. In einiger Entfernung hinter dem Sieb, wo die Drücke wieder ausgeglichen sind, habe die Flüssigkeit die Geschwindigkeit v_2 (Abb. 1). Ist $\dot{m}$ die Masse der Flüssigkeit, welche sekundlich durch das Sieb hindurchtritt, so ist nach dem Impulssatz der Widerstand des Siebes:

$$W = \dot{m}\,(v_1 - v_2).$$

Wenn wir das Sieb nicht als ruhend ansehen, sondern annehmen, daß es sich mit der Geschwindigkeit v_1 (entgegen der bisher betrachteten Strömungsrichtung) in ruhender Flüssigkeit bewegt, so muß nach unserer letzten Definition die Nutzleistung

$$\underline{W \cdot v_1}$$

aufgebracht werden. Wir ordnen nun den Propeller so an, daß er gerade die ganze vom Sieb verzögerte Flüssigkeit erfaßt. Um einen Schub gleich dem Widerstand zu erzeugen, muß er nach dem Impulssatz diese Flüssigkeit von der Geschwindigkeit v_2 gerade wieder auf die Geschwindigkeit v_1 *beschleunigen, wozu nötig ist,* die Leistung

$$L_B = \dot{m}\,\frac{(v_1 - v_2)^2}{2} = W \cdot \frac{v_1 - v_2}{2}.$$

Da nach einer bekannten Überlegung aus der Propellertheorie die Durchflußgeschwindigkeit durch den Propeller

$$v' = \frac{v_1 + v_2}{2}$$

ist, so wäre, wenn sonst keine Verluste vorhanden wären, dazu eine Leistung:

$$L_F = W \cdot \frac{v_1 + v_2}{2}$$

nötig für die Fahrt. Zusammen also $L_B + L_F =$

$$\underline{L_{\text{gesamt}} = W\left(\frac{v_1 + v_2}{2} + \frac{v_1 - v_2}{2}\right) = W \cdot v_1,}$$

wie oben vorausgesagt. 1928 ist also nur das Versehen unterlaufen, L_B, obgleich erwähnt, nicht mitzunehmen.

C. Versuche

Kein ernster Physiker und Ingenieur wird eine Theorie, insbesondere eine solche, in der verschiedene, freilich alle sehr elementare, physikalische und rechnerische Gesetze in eigenartiger Weise verknüpft sind, ohne Nachprüfung durch Versuche lassen. Der Vorgang, in der Wirklichkeit beobachtet, *ist* die unumstößliche Wahrheit. Seit GALILÄI, ja z. T. schon seit LEONARDO DA VINCI ist das nicht mehr zu leugnen –, wir sagten es schon eingangs.

1. Versuche in Luft (Verfasser)

Will man durch Versuche im Windkanal die vorstehenden Berechnungen prüfen, so sollte man auch hier scharf trennen die *Aufgaben-Stellung*, den Leistungsverbrauch des Siebes zuerst zu bestimmen, und danach erst die notwendige Wiederzufuhr von Leistung in den Vorgang

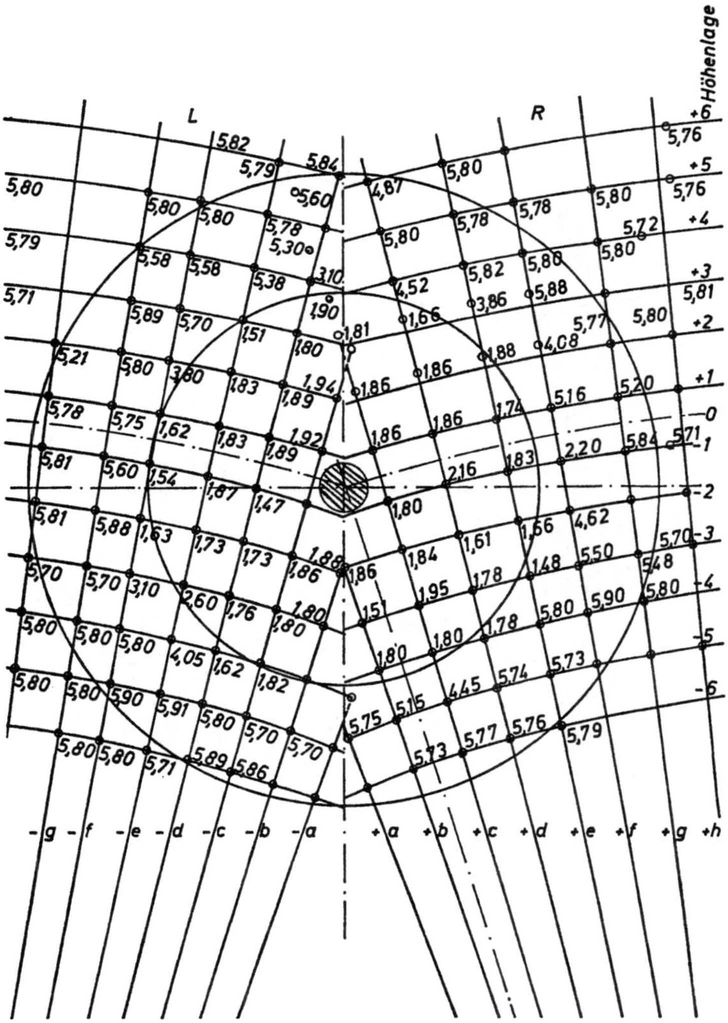

Abb. C1;1. Staudrucke im Schnitt I von Abb. VIII, ohne laufenden Propeller, mit laufender Nabenattrappe, 365 mm hinter Sieb.

durch den Propeller, und zwar dessen in mechanischer Form gelieferte Nutzleistung, und dazu die Wiederbeschleunigung der durch das Sieb verzögerten Luftmassen.

Der Verbrauch ist leicht zu bestimmen: Das ganze Fahrzeug, bestehend aus Sieb und Propeller, wird in üblicher Weise im Windkanal aufgehängt und ein Draht vorn zur Widerstandswaage geführt. Auftriebsbestimmung ist dabei ja unnötig. Der Widerstand des Siebes wird vorweg bestimmt (allein!), wird nunmehr *gewogen*, dann das Sieb ins Fahrzeug wieder eingebaut und *ohne* laufenden Propeller, aber *mit* einer Attrappennabe desselben, der Widerstand bestimmt, von dem natürlich der Draht- und Aufhängungswiderstand abzuziehen ist (Bild C1; 10). Der vollständige Propeller darf bei dieser Messung natürlich nicht angebracht sein, da er stehend ja selbst einen Widerstand gäbe.

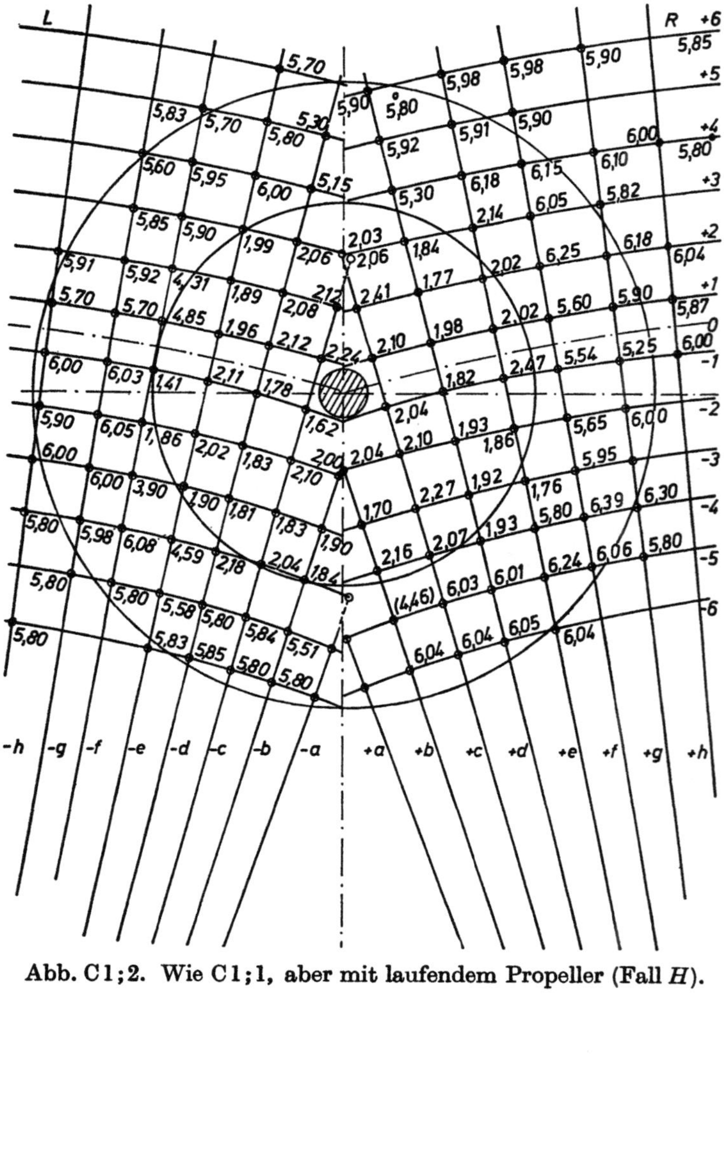

Abb. C1;2. Wie C1;1, aber mit laufendem Propeller (Fall *H*).

Dann ist der Leistungsverbrauch schon gegeben mit Widerstand mal Anblasgeschwindigkeit des Kanals.

Ehe wir auf die Versuche eingehen, sei Modell und Anordnung kurz beschrieben. Propeller und Sieb hatten den gleichen Durchmesser von 362 mm, so daß beide $F = 0{,}1\ \mathrm{m}^2$ hatten. Der schraffierte innere Kreis in den Bildern ist der Naben-Durchmesser (z. B. Abb. 1 und 2).

Fall H

Zu der Prandtl-Rohr-Staudruck- und damit Geschwindigkeiten-Feststellung, daß im Mittel $v_{3H} = v_1$ hergestellt ist, besonders aber die vom Sieb verbrauchte Leistung vom Propeller auch wieder zugeführt wurde, hat Verf. ein Koordinatensystem mit einer radialen und einer tangentialen, peripheren Verschiebbarkeit gewählt, weil dann durch Benutzung eines festen Drehpunktes im Kanalraum für den Träger des Prandtl-Rohres eine viel sicherere Ortsgenauigkeit des Meßgerätes erreicht wurde als mit der üblichen waagerechten und senkrechten Verstellbarkeit. Diese Vorrichtungen sind meist entweder zu weich, oder sie sind bei starken Abmessungen große Störkörper im Windkanal (mit ersterer Vorrichtung siehe Abb. 1, 2, 3, 6).

Die Radien sind mit kleinen Buchstaben, die Höhenlagen des Meßrohres an den senkrechten Rändern angegeben. Die durch die Drehaxe

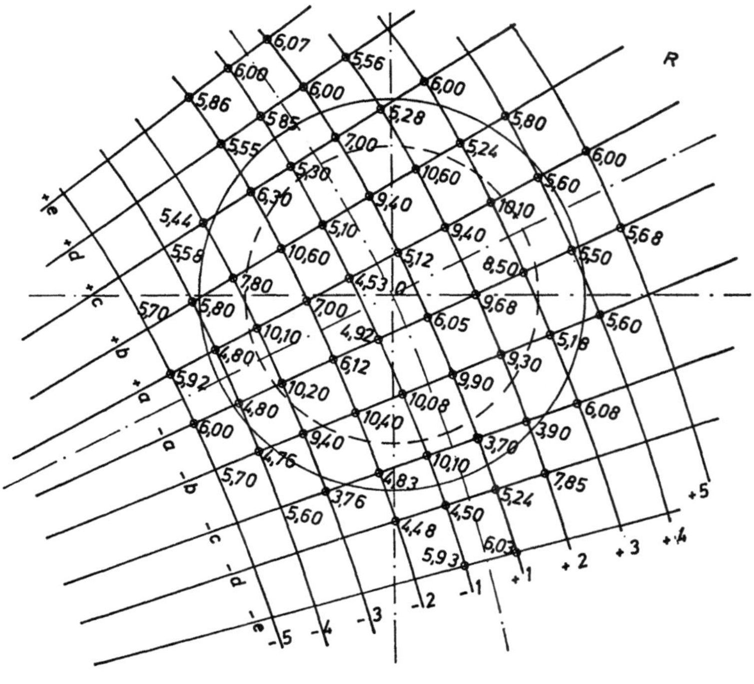

Abb. C1;3. Propellerstrahl, Schnitt II von Abb. VIII (Fall *H*).

gehende Bogenkoordinate ist für die Höhenlage 0; plus sind die Werte über ihr, minus unter ihr.

Die Radien sind um den durch die Drehachse gehenden Radius mit kleinen Buchstaben bezeichnet, links mit minus, rechts mit plus.

Bis zum äußeren eingezeichneten Kreis gingen die Messungen grundsätzlich. Stichproben, daß außerhalb desselben in den Grenzen der Meßgenauigkeit die ungestörte Geschwindigkeit herrschte, wurden durchgeführt.

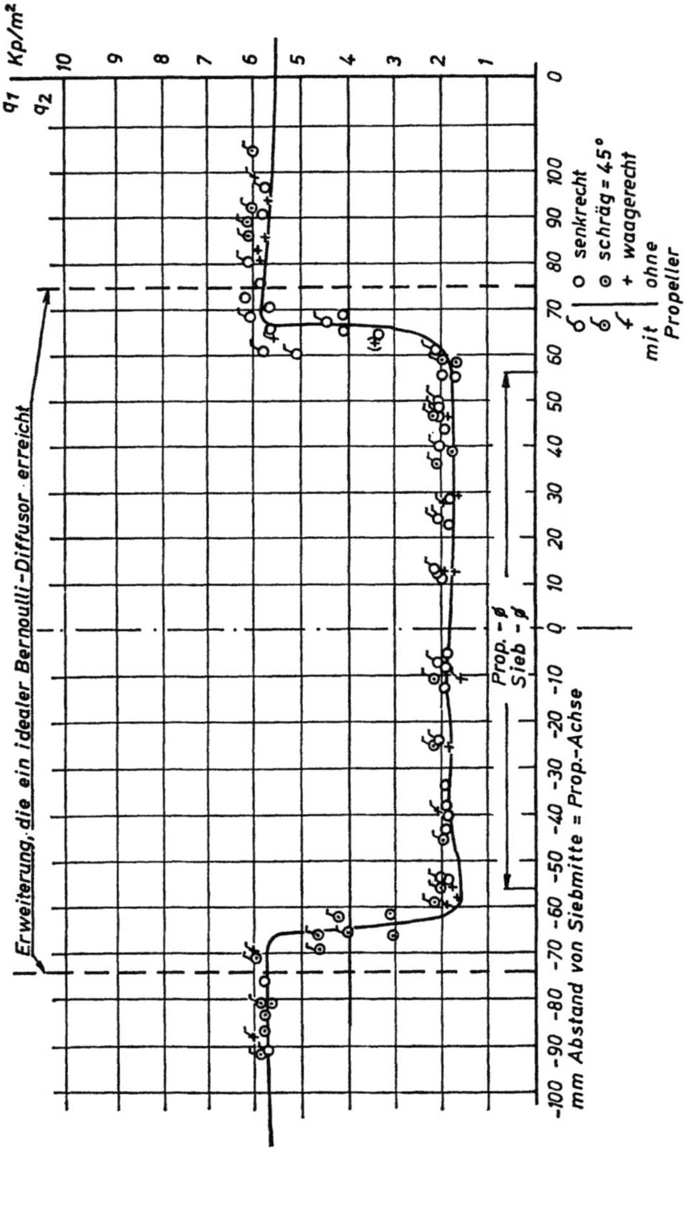

Abb. C1;4. Nachweis ungeänderter Geschwindigkeit v_2 mit und ohne Propeller.

Andererseits finden sich Punkte, die nicht gemessen wurden, weil unvermeidliche lokale Strömungshindernisse, z. B. der Aufhängung, örtliche Verfälschungen gebracht hätten. Wo ganz sichere Schlüsse möglich waren, sind (selten!) Nachbarstaudrucke eingesetzt worden, sonst an Zwischenpunkten des Koordinaten-Netzes Sondermessungen erfolgt.

Gute Wirkungsgradmessungen kleiner Propeller sind diffizile Arbeiten. Verf. hat deshalb vorgezogen, durch möglichst zahlreiche Geschwindigkeits- bzw. Staudruckmessungen die wirklich jeweils in der Strömung vorhandenen Energiemengen/sec zu messen. Abb. 8 und 9 geben die Schnitte der Stromröhre an, in denen jeweils die Messung erfolgte. Siehe auch Abb. 1 und 2; nach Parallelwerden der Strömung hinter dem Sieb, v_2: Schnitt I; und nach Parallelwerden der Strömung hinter dem Propeller, v_3: Schnitt II, Abb. 3. v_1 ist ja ohnehin durch die eingestellte Kanalgeschwindigkeit bestimmt. Abb. 4 zeigt, daß der Propeller praktisch keinen Einfluß auf die Staudrucke im Schnitt I, also auf v_2, hat.

Fall H, Nachrechnung der Werte Abb. 5.

Auf den Ringflächen I–IV, von 0,02 m² und Ring V, sowie der inneren Kreisfläche von 0,01 m² (Spalte 1 und 2) wurde mit PRANDTL-Rohr gemessen der lokale Staudruck q (Spalte 3), mit der jeweiligen Fläche multipliziert (Spalte 2), in Spalte 4 die zugehörige Kraft auf der Ringfläche ergebend. Das erfolgt, jeweils auf der rechten und der linken Seite des Diagramms, aus deren Additionen das Staudruckmittel q_3 gebildet wurde, indem wegen der Gesamtfläche im Versuch von 0,1 m² mit 10 multipliziert wurde. Dann ist sofort die in den Strahl gesteckte Leistung bekannt, indem mit $v_3 = 4\sqrt{q_3}$ multipliziert wird.

Ebenso ist der Wirkungsgrad $\eta_{ges.}$ sogleich bekannt, indem man die Leistung aus dem an der Waage gewonnen Widerstand von 3,36 kp mal der Kanalgeschwindigkeit v_1, die 9,62 m/sec war, mit oben genannter Leistung vergleicht.

Rechts				Links			
1	2	3	4	1	2	3	4
Ringfläche Nr.	f	q Staudr.	lokale Kraft, kp	Ringfläche Nr.	f	q Staudr.	lokale Kraft, kp
I	0,02	3,5	0,070	I	0,02	4,0	0,080
II	0,02	4,1	0,082	II	0,02	6,0	0,120
III	0,02	9,6	0,192	III	0,02	10,2	0,204
IV	0,02	10,1	0,202	IV	0,02	8,7	0,174
V	0,01	8,4	0,084	V	0,01	5,5	0,055
VI (Kreis)	0,01	5,0	0,050	VI (Kreis)	0,01	4,4	0,044
Auf 0,1 m²:			0,680	Auf 0,1 m²:			0,677

Folglich $q_{3\,\text{mittel}} = 6{,}79$ kp/m²; $v_{\text{mittel}} = 4 \cdot \sqrt{6{,}79} = 10{,}38$ m/sec. Leistung geliefert $= 3{,}36 \cdot 10{,}38 = 34{,}7$ m/sec. Wir müßten für den Wirkungsgrad schreiben, da wir jetzt im Experiment, nicht mehr in der Rechnung sind, $\eta_{\text{th}} \cdot \zeta$ oder

$$\eta_{\text{gesamt}} = \frac{9{,}62}{10{,}38} = 0{,}930.$$

Abb. 5 gibt radiale Schnitte durch die Stromröhre mit Eintragung der Staudrucke im Schnitt II mit laufendem und ohne laufenden Propeller. Abb. 6 und 7 entsprechen für Fall *N* den Abb. 3 und 5 für Fall *H*. Man erkennt auf den ersten Blick die wesentlich höheren mittleren Geschwindigkeiten des Propellerstrahles im Falle *N*.

Abb. 10 zeigt die Meßanordnung hinter dem Propeller in v_3. Ganz entsprechend erfolgte auch die Messung *zwischen* Sieb und Propeller in v_2. Die elektrische Regelung des Kanals hält den Staudruck nicht sehr genau, weil auch hinter dem Transductor noch Schwankungen aus Temperaturänderungen der Regelwiderstände entstehen. Es wurden die wahren Werte bei der Messung notiert, aber alle Werte der Vergleichbarkeit halber auf $q_1 = 5{,}8$ kp/m² umgerechnet.

Der benutzte Propeller ist kein idealer. An verschiedenen Radien beschleunigt er die Luft verschieden (Abb. 5). Immerhin sieht man am Kurvenverlauf, daß er, wenn auch nur im Mittel, v_1 wieder herstellt. Das stört aber das Grundsätzliche unseres Versuches nicht, wir müssen nur jedenfalls die notwendige Gesamtleistung nachweisen. Zu diesem

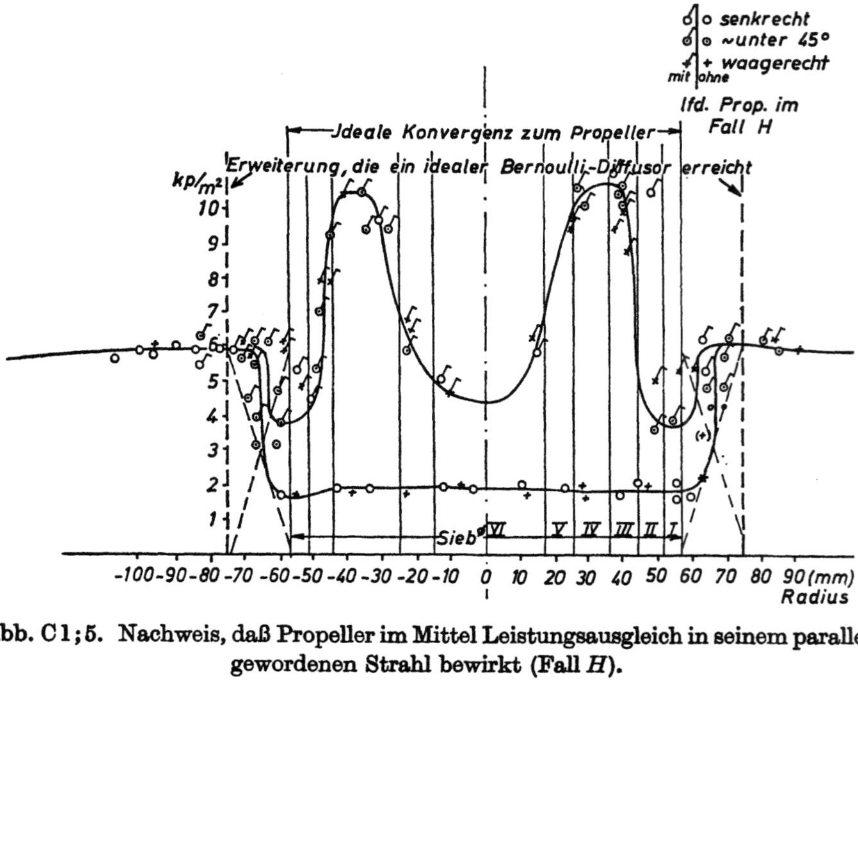

Abb. C 1; 5. Nachweis, daß Propeller im Mittel Leistungsausgleich in seinem parallel gewordenen Strahl bewirkt (Fall *H*).

Zwecke hatten wir in einzelne Ringstreifen aufgeteilt, und die Summierung über den Radius ergab dann die Leistung, die in die Strömung wirklich gegangen ist. Insgesamt mußte dann die Leistung $W \cdot v_1$ wiedergefunden werden (siehe Abb. 5 und Rechnungsblatt dazu).

Um mit der Rechnung vergleichen zu können, braucht man ein Fadengitter hinter dem Sieb, mittels dessen eben Abb. 8 und 9 entstanden sind, und das anzeigt, wo die Strömung nach Dilatation parallel geworden ist. Dort herrscht dann, wie verlangt, der statische Außendruck. In die doppelte Entfernung mindestens, möglichst aber nicht *viel* weiter wegen der dann steigenden dissipativen Verluste, setzt man den Propeller, damit sich möglichst die Strömungsform der Abb. I; 1 ergibt durch die Wiederkontraktion, wenn später der Propeller arbeitet. Es ist das notwendig wegen der Bedingung der Kontinuität: Der Rand der endgültigen Stromröhre sollte dann durch die Propellerspitzen gehen. Es fällt auf, daß die Konvergenz hinter dem Propeller eine längere Strecke braucht als die Divergenz vor dem Sieb. Da aber die energetischen Verhältnisse in Ordnung sind und $v_3 = v_1$ schließlich erreicht wird, ist nichts dagegen einzuwenden. Jedes andere Experimentieren mit dem Abstand zwischen Sieb und Propeller ist nicht statthaft, da mit Sicherheit dadurch unklare Versuchsbedingungen, zwischen N und H liegend, geschaffen werden würden. Ringstreifen der Propellerkreisfläche würden dann teilweise in v_1, teilweise in v_2 oder Zwischengeschwindigkeiten liegen.

Die trotzdem nicht ganz vermeidbaren Abweichungen von der besten Schubverteilung, wie dissipative Verluste, bewirken natürlich, daß nicht *genau* $W \cdot v_1$ wiedererscheint. Wir sind jetzt im Versuch und nicht in der Rechnung und messen alles mit. Wir finden die Leistung im Propellerstrahl zu:

$$L_3 = 34{,}2 \text{ mkp/sec statt } 32{,}1 \text{ der Rechnung,}$$

und statt des theoretisch erwarteten Wirkungsgrades 1 finden wir:

$$\eta_{\text{th}} = \frac{32{,}1}{34{,}2} = 0{,}93.$$

Das ist eine wegen der genannten Verluste sehr verständliche Abweichung. Ja, sie *mußte* gegenüber der Rechnung erwartet werden, da wir ja diese Verluste nicht eingerechnet hatten. Jedenfalls also haben wir nicht weniger gefunden als vorn vom Sieb verbraucht wurde, und somit ist die Einhaltung des Energiegesetzes auch im Versuch bewiesen.

Fall N

Durch 180°-Schwenkung des Siebes am Fahrzeug bringen wir jetzt das Sieb aus der Stromröhre des Propellers, aber selbstverständlich so, daß es in der gleichförmigen Windkanal-Strömung verbleibt. Es profitiert dann nicht mehr von der Betzschen Konzeption, daß durch Verzögern

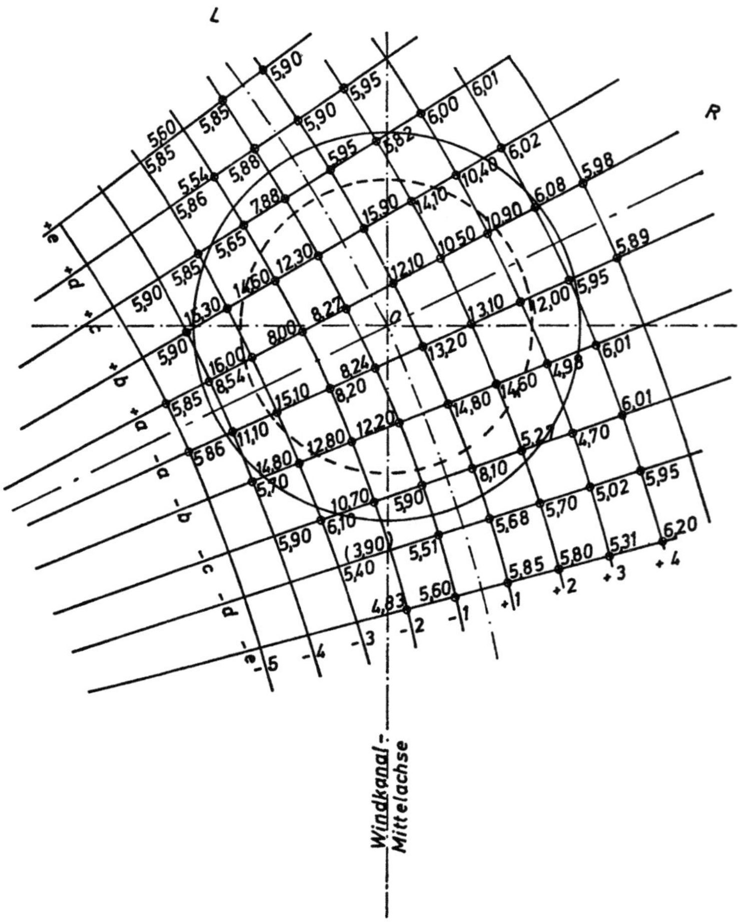

Abb. C 1; 6. Entsprechend Abb. C 1; 3 aber *hohe* Geschwindigkeit im Strahl (Fall *N*).

und Wiederbeschleunigen im ruhenden Medium keine Verluste an kinetischer Energie verbleiben. Er arbeitet im Normalfall des freien Propellers, der seinen gewohnten Strahlverlust hat, und der bei den niedrigen Durchmessern und REYNOLDSzahlen Wirkungsgrade von nur etwa 0,75 erwarten läßt (Fall *N*).

Der Unterschied gegenüber dem hohen η_{th} von Fall *H* ist als wirklicher Gewinn, im Maximum 15–20% zu buchen. In dem hier absichtlich zu Gunsten von *H* gewählten Gebiet erhalten wir $\eta_{th} = 0{,}762$; siehe Abb. 6 und 7, sowie Rechnungsblatt dazu.

Fall N, Nachrechnung der Werte Bild 7.

Auf den Ringflächen I–IV, von 0,02 m² und Ring V, sowie der inneren Kreisfläche von 0,01 m² (Spalte 1 und 2) wurde mit PRANDTL-Rohr gemessen der lokale Staudruck q (Spalte 3), mit der jeweiligen Fläche multipliziert (Spalte 2), in Spalte 4

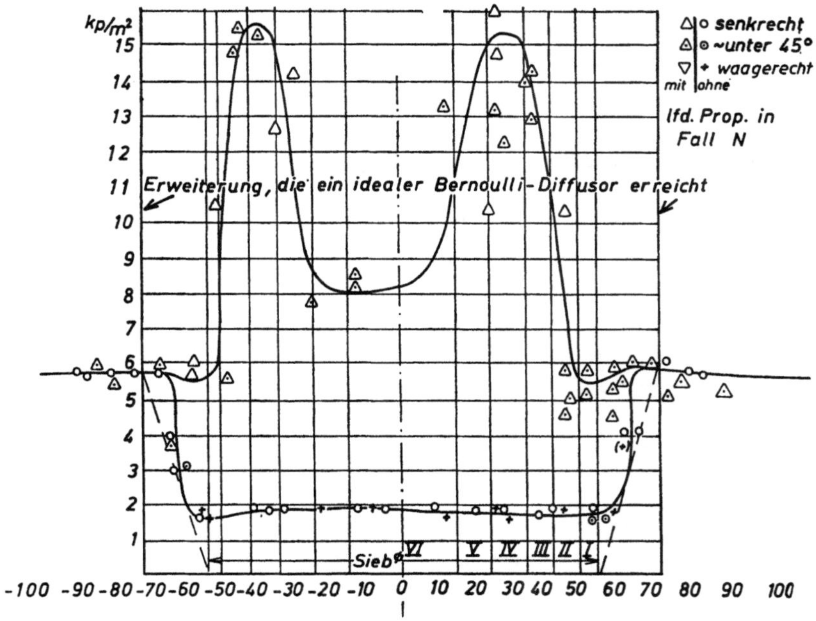

Abb. C 1; 7. Entsprechend Abb. C 1; 4 aber *hohe* Geschwindigkeit im Strahl (Fall N).

die zugehörige Kraft auf der Ringfläche ergebend. Das erfolgt, jeweils auf der rechten und der linken Seite des Diagramms, aus deren Additionen das Staudruckmittel q_3 gebildet wurde, indem wegen der Gesamtfläche im Versuch von 0,1 m² mit 10 multipliziert wurde. Dann ist sofort die in den Strahl gesteckte Leistung bekannt, indem mit $v_3 = 4\sqrt{q_3}$ multipliziert wird.

Ebenso ist der Wirkungsgrad $\eta_{ges.}$ sogleich bekannt, indem man die Leistung aus dem an der Waage gewonnenen Widerstand von 3,36 kp mal der Kanalgeschwindigkeit v^1, die 9,62 m/sec war, mit oben genannter Leistung vergleicht.

Rechts				Links			
1	2	3	4	1	2	3	4
Ring-fläche Nr.	f	q Staudr.	lokale Kraft, kp	Ring-fläche Nr.	f	q Staudr.	lokale Kraft, kp
I	0,02	5,5	0,110	I	0,02	5,8	0,116
II	0,02	8,5	0,170	II	0,02	13,0	0,260
III	0,02	13,8	0,276	III	0,02	15,5	0,310
IV	0,02	15,2	0,304	IV	0,02	11,7	0,234
V	0,01	13,0	0,130	V	0,01	8,8	0,088
VI (Kreis)	0,01	8,8	0,086	VI (Kreis)	0,01	8,1	0,081
Auf 0,1 m²:			1,076 kp	Auf 0,1 m²:			1,089 kp

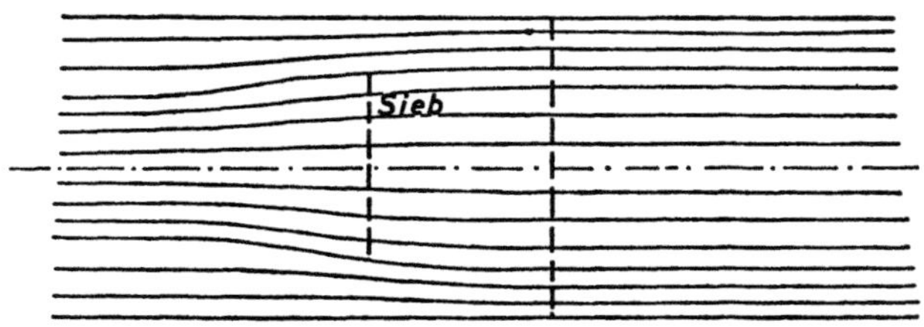

Abb. C 1; 8. Strahldivergens und Parallelwerden, Sieb allein.

Abb. C 1; 9. Strahl-, Divergenz und Konvergenz, Sieb + Propeller (Fall *H*).

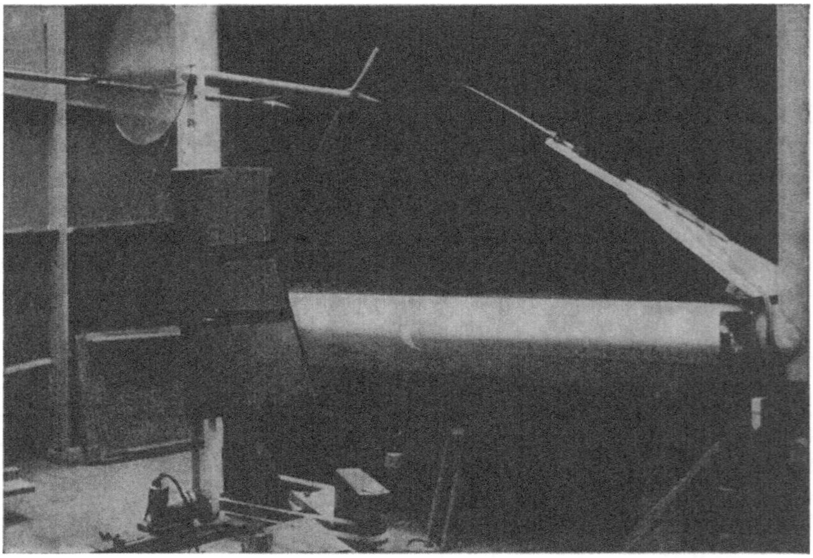

Abb. C 1; 10. Meßanordnung im Windkanal (Sieb und PRANDTL-Rohr).

Folglich $q_{s\,\text{mittel}} = 10{,}83$ kp/m²; $v_{\text{mittel}} = 4 \cdot \sqrt{10{,}83} = 13{,}1$ m/sec. Leistung geliefert $= 3{,}36 \cdot 13{,}1 = 44{,}1$ m/sec.

Wir müssen für den Wirkungsgrad schreiben, da wir jetzt im Experiment nicht mehr in der Rechnung sind, $\eta_{\text{th}} \cdot \xi$ oder $\eta_{\text{gesamt}} = \frac{9{,}62}{13{,}1} = 0{,}740$.

2. Versuche in Wasser

Wir betrachten nachstehend die in der Hamburgischen Schiffbauversuchsanstalt durchgeführten Versuche:

Instituts-Zeichen der H. S. V. A. Hambg.	Bearbeiter: Meyne Tag: 23. 5. 1966	

Messung einer Nachstrom-Propulsions-Anordnung für Prof. H. Focke

Im kleinen Schleppkanal der HSVA wurde im Auftrag von Herrn Prof. Focke eine Nachstrom-Propulsionsanordnung untersucht (Abb. C2; 1). Es wurden 3 Versuchsreihen durchgeführt.

Messung 1: Sieb allein, eine Wagengeschwindigkeit, verschiedene Höhen der Nachstromharke.

Meßwerte: Schleppwagengeschwindigkeit,
Siebwiderstand,
Nachstromverteilung 300 mm hinter dem Sieb.
Tabelle 1a bis 1e

Messung 2: Sieb und Propeller (Abstand 600 mm),
eine Geschwindigkeit,
verschiedene Drehzahlen.

Meßwerte: Schleppwagengeschwindigkeit,
Siebwiderstand,
Propellerdrehzahl,
Propellerdrehmoment,
Propellerschub.
Tabelle 2

Messung 3: Propeller allein, eine Geschwindigkeit,
verschiedene Drehzahlen.

Meßwerte: Schleppwagengeschwindigkeit,
Propellerdrehzahl,
Propellerdrehmoment,
Propellerschub.
Tabelle 3

Die Ergebnisse der Meßreihen sind in den Tabellen 1a, 1b, 1c, 1d, 1e, 2 und 3 wiedergegeben. In Tabelle 4 sind Schubleistung und Antriebsleistung für den Propeller hinter dem Sieb miteinander verglichen und in Tabelle 5 Schubleistung und Antriebsleistung für den freifahrenden Propeller. Tabelle 1e enthält auch Werte für die Schleppleistung des Siebes. In Abb. 2 und 3 sind die Strahlformen und -geschwindigkeiten dargestellt.

Hamburgische Schiffbau-Versuchsanstalt

Der Berichter: (gez.) *Mayne*

Der Direktor: (gez.) *Lerbs*

Auch hier liegen natürlich die Wirkungsgrade der Verluste wegen im Verbrauch niedriger als in der Rechnung, wo sie in dieser Gegend ca. 10%-Einheiten höher liegen. Trotzdem müssen wir die Wirkungsgrade noch η_{th} nennen, denn wir messen ja die Leistungen im Strahl und können also nicht Wellenleistungen mit $W \cdot v_1$ vergleichen. Die Flügelblattverluste mit rund $\zeta = 0{,}9$ bedingen den Unterschied.

Es ist aber außerdem zu bedenken, daß in der Rechnung von Propellern wahrer Größe die Rede war (⌀ = 2–5 m), deren η_{gesamt} bei 0,80, ja 0,88 liegen können.

Selbstversändlich bleibt der Sieb-Gesamtverbrauch mit $W \cdot v_1$ auch bei N derselbe, was unter C2 im folgenden auch auf etwa 2% genau erwiesen wird.

Tab. 1a. Messung 1; Nachstromgeschwindigkeit hinter dem Sieb, Abstand 300 mm

Meßrechen-höhe*) mm	Gesamtdruck p_{ges} (mm WS ≙ kp/m²) Sondenabstand (mm) horizontal von Mitte Sieb**)								
	−160	−120	−80	−40	0	40	80	120	160
−184	59	51	54	60	55	50	63	55	58
−134	75	67	35	2	0	24	62	71	74
− 84	89	24	0	−3	−6	−4	3	64	80
− 34	70	4	0	4	5	2	1	14	96
16	65	3	1	1	2	2	2	16	96
66	84	10	−1	−3	−3	0	3	49	94
116	80	67	12	6	25	3	28	72	78
166	64	58	58	59	53	55	59	56	61

*) Meßrechenhöhe vertikal bezogen auf Mitte Sieb; negative Werte liegen unterhalb der Mitte.

**) Sondenabstand horizontal von Mitte Sieb; negative Werte liegen von hinten auf das Sieb in Fahrtrichtung gesehen links.

Tab. 1b. Messung 1; Nachstromgeschwindigkeit hinter dem Sieb, Abstand 300 mm

Meßrechen-höhe mm	Statischer Druck p_{stat} (mm WS ≙ kp/m²) Sondenabstand (mm) horizontal von Mitte Sieb								
	−160	−120	−80	−40	0	40	80	120	160
−184	−47	−49	−49	−49	−49	−45	−47	−48	−48
−134	−34	−39	−42	−42	−42	−38	−36	−35	−27
− 84	−27	−29	−26	−22	−23	−21	−23	−28	−36
− 34	−25	−22	−19	−20	−20	−18	−19	−19	−14
16	−21	−23	−20	−18	−19	−23	−21	−16	−13
66	−27	−26	−22	−22	−22	−18	−19	−21	−16
116	−31	−39	−37	−38	−37	−32	−33	−30	−22
166	−39	−43	−43	−46	−49	−44	−42	−45	−35

Tab. 1c. Messung 1; Nachstromgeschwindigkeit hinter dem Sieb, Abstand 300 mm

Meßrechen-höhe mm	Dynamischer Druck $\Delta h = p_{ges} - p_{stat}$ (mm WS ≙ kp/m²) Sondenabstand (mm) horizontal von Mitte Sieb								
	−160	−120	−80	−40	0	40	80	120	160
−184	106	100	103	109	104	95	110	103	106
−134	109	106	77	44	42	62	98	106	101
− 84	116	53	26	19	17	17	26	92	116
− 34	95	26	19	24	25	20	20	33	110
16	86	26	21	19	21	25	23	32	109
66	111	36	21	19	19	18	22	70	110
116	111	106	49	44	62	35	61	102	100
166	103	101	101	105	102	99	101	101	96

Tab. 1d. Messung 1; Nachstromgeschwindigkeit hinter dem Sieb, Abstand 300 mm

Meßrechen-höhe mm	Örtliche Geschwindigkeiten (m/sec⁻¹) Sondenabstand (mm) horizontal von Mitte Sieb								
	−160	−120	−80	−40	0	40	80	120	160
−184	1,441	1,40	1,421	1,461	1,428	*1,365*	1,468	1,421	1,441
−134	1,461	1,441	*1,229*	*0,929*	*0,907*	*1,102*	*1,386*	1,441	1,407
− 84	1,508	*1,020*	*0,714*	*0,611*	*0,657*	*0,657*	*0,714*	*1,343*	1,508
− 34	*1,365*	*0,714*	*0,611*	*0,686*	*0,700*	*0,626*	*0,626*	*0,805*	1,469
16	*1,299*	*0,714*	*0,642*	*0,611*	*0,642*	*0,700*	*0,672*	*0,792*	1,461
66	1,475	*0,941*	*0,642*	*0,611*	*0,611*	*0,594*	*0,657*	*1,172*	1,469
116	1,475	1,441	*0,980*	*0,929*	*0,907*	*0,829*	*1,093*	1,415	*1,400*
166	1,421	1,407	1,407	1,435	1,415	1,394	1,407	1,407	*1,372*

$v_{\text{örtlich}} = \sqrt{2\,g \cdot \Delta h}.$

Tab. 1e. Messung 1; Nachstromgeschwindigkeit hinter dem Sieb, Abstand 300 mm
Die Druckmessung für die einzelnen Meßrechenhöhen wurden nacheinander ausgeführt. Dabei ergaben sich bei den einzelnen Meßfahrten folgende Daten, die zu berücksichtigen sind.

Meßrechenhöhe (mm)	Wagengeschwind. V_w (m/sec⁻¹)	Siebwiderstand W (kp)	Schleppleistung $W \cdot v_w$ (mkp/sec⁻¹)
−184	1,485	4,54	6,74
−134	1,496	4,54	6,79
− 84	1,497	4,62	6,92
− 34	1,499	4,78	7,16
16	1,497	4,78	7,16
66	1,497	4,70	7,04
116	1,496	4,65	6,96
166	1,489	4,65	6,92

Mittelwert der Schleppleistung des Siebes (in Abwesenheit des Propellers): 6,97 mkp/sec⁻¹.

Tab. 4

Fahrt Nr.	Schubleistung* (mkp/sec^{-1}) $S \cdot V_w$	Antriebsleistung (mkp/sec^{-1}) $M \cdot \omega$	$\frac{S \cdot V_w}{M \cdot \omega}$
1	6,72	6,88	0,977
2	7,44	7,82	0,952
3	8,44	9,21	0,916
4	5,16	4,92	1,05
5	3,71	3,30	1,125

*) Man beachte, daß V_w nicht der Geschwindigkeit am Orte des Propellers entspricht.

Tab. 3; Messung 3, Propeller allein

HSVA-Propeller Nr. 1217

Durchmesser: $D = 250$ mm
Flügelzahl: $z = 4$
Flächenverhältnis: $Fa/F = 0{,}52$
Steigungsverhältnis: $H/D = 0{,}822$

Wassertemperatur: 14,4 °C
Wasserdichte $\varrho = 102$ kp/sec^2 m^{-4}
Reynoldszahl des Propellers $Re_{0,7} = 2{,}6 \cdot 10^5$ (für n = 7 sec^{-1})
Versuchsdatum: 29. 4. 1966

Versuchsergebnisse:

Fahrt Nr.	Wagen-geschwindig-keit V_w (m/sec^{-1})	Dreh-zahl n (sec^{-1})	Schub S (kp)	Dreh-moment M (mkp)	J (—)	KT (—)	$10\,KQ$ (—)	η_P (—)
1	0,604	7,025	5,549	0,1858	0,344	0,2820	0,3735	0,414
2	0,724	7,08	5,131	0,1735	0,409	0,2572	0,3477	0,482
3	0,895	7,085	4,325	0,1538	0,505	0,2165	0,3078	0,566
4	0,843	7,07	4,498	0,1573	0,477	0,2260	0,3159	0,544
5	0,9375	7,00	3,866	0,1420	0,536	0,1981	0,2910	0,581
6	0,798	7,055	4,712	0,1630	0,452	0,2376	0,3286	0,580

Fortschrittsgrad $J = \frac{V_w}{n \cdot D}$

Schubbeiwert $KT = \frac{s}{\varrho\, n^2 D^4}$

Drehmomentbeiwert $KQ = \frac{M}{\varrho\, n^2 D^5}$

Propellerwirkungsgrad $\eta = \frac{J}{2\pi} \frac{KT}{KQ}$

Tab. 5

Fahrt Nr.	Fortschrittsgrad $J = \frac{V_w}{n \cdot d}$	Schubleistung (mkp/sec^{-1}) $S \cdot V\omega$	Antriebsleistung (mkp/sec^{-1}) $M \cdot \omega$	Wirkungsgrad $\eta = \frac{S \cdot V_w}{M \cdot \omega}$
1	0,344	3,36	8,11	0,414
2	0,409	3,72	7,72	0,482
3	0,505	3,87	6,84	0,566
4	0,477	3,79	6,98	0,544
5	0,536	3,62	6,24	0,581
6	0,452	3,76	7,22	0,520

Tab. 2. Messung 2; Propeller mit Siebanordnung, Abstand 600 mm

HSVA-Propeller-Nr. 1217

Durchmesser	D = 250 mm	**Wassertemperatur: 14,4 °C**
Flügelzahl	z = 4	**Wasserdichte ϱ = 102 kp sec^{2}m^{-4}**
Flächenverhältnis	Fa/F = 0,52	**Reynoldszahl des Propellers $Re_{0,7}$**
Steigungsverhältnis	H/D = 0,822	**= 2,6 · 10^5 (für n = 7 sec^{-1})**
Siebdurchmesser	d = 250 mm	**Versuchsdatum: 29. 4. 1966**

Versuchsergebnisse:

Fahrt Nr.	Wagengeschwindigkeit V_w (m/sec^{-1})	Drehzahl n (sec^{-1})	Schub S (kp)	Drehmoment M (mkp)	Siebwiderstand W (kp)	J (—)	KT (—)	$10\ KQ$ (—)	cw_{Sieb} (—)
1	**1,483**	**7,05**	**4,529**	**0,1553**	**4,80**	**0,842**	**0,2288**	**0,3138**	**0,872**
2	**1,486**	**7,33**	**5,008**	**0,1698**	**4,80**	**0,812**	**0,2340**	**0,3172**	**0,868**
3	**1,493**	**7,68**	**5,681**	**0,1910**	**4,80**	**0,778**	**0,2418**	**0,3250**	**0,860**
4	**1,493**	**6,39**	**3,458**	**0,1225**	**4,96**	**0,934**	**0,2127**	**0,3010**	**0,889**
5	**1,491**	**5,69**	**2,489**	**0,0923**	**4,88**	**1,048**	**0,1928**	**0,2860**	**0,876**

Mittelwert der Schleppleistung des Siebes (in Anwesenheit des Propellers): 7,18 mkp/sec.

Fortschrittsgrad $$J = \frac{V_w}{n \cdot D}$$

Schubbeiwert $$KT = \frac{S}{\varrho\, n^2\, D^4}$$

Drehmomentbeiwert $$KQ = \frac{M}{\varrho\, n^2\, D^5}$$

Siebwiderstandsbeiwert $$c_w = \frac{W}{\varrho/2\, V_w{}^2 \cdot F}$$

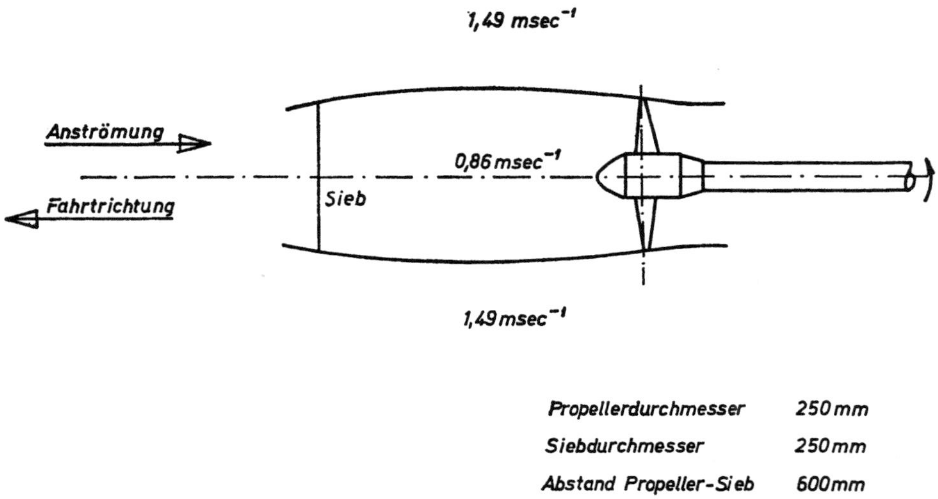

Abb. C2; 1. Meßanordnung im Wasserkanal.

Zum Vergleich mit der Theorie entnehmen wir die Versuchsmeßwerte hinter dem Sieb aus Tab. 1d und nennen sie v_2. Das Mittel in dem Strahlquerschnitt von 310 mm Durchmesser und dilatiert vom Siebdurchmesser von 250 mm beträgt (Werte von Verf. *umrandet*): $v_2 = 0{,}860$ m/sec. Aus Tab. 1e finden wir als Mittel der Wagengeschwindigkeit, die v_1 heiße, 1,49 m/sec. Die Mittelgeschwindigkeit im Sieb, v_S genannt, ist also:

$$\frac{1{,}49 + 0{,}86}{2} = 1{,}18 \text{ m/sec.}$$

Die Dilatation hinter dem Sieb entspricht folglich einem Flächenverhältnis von 0,680. Das Durchmesserverhältnis wäre also: $\sqrt{0{,}68} = 0{,}82$; $310 \cdot 0{,}82 = 253$ mm, so daß der Bereich für die Aufsuchung von v_2 richtig gewählt war. In Tab. 4 stellt die Anstalt ausdrücklich fest, der Propeller arbeite nicht in v_1.

Wir entnehmen nun aus Tab. 1e der Versuchswerte als mittleren Siebwiderstand $W = 4{,}68$ kp und aus Tab. 2 durch Interpolation zwischen Fahrt 1 und 2 $n = 7{,}19$, also $\omega = 45{,}0$ und $M = 0{,}1626$, woraus die dem Propeller zugeführte Wellenleistung:

$$\underline{W_P = 7{,}31 \text{ mkp/sec}}$$

folgt. Der Aufwand für die Schleppleistung ist aber:

$$\underline{L_{\text{Aufwand}} = 7{,}18 \text{ mkp/sec,}}$$

siehe Tab. 2, so daß die Betzsche Aussage von 100% Wirkungsgrad bei Hintereinander-Anordnung von Widerstand und Propeller mit 98,2%

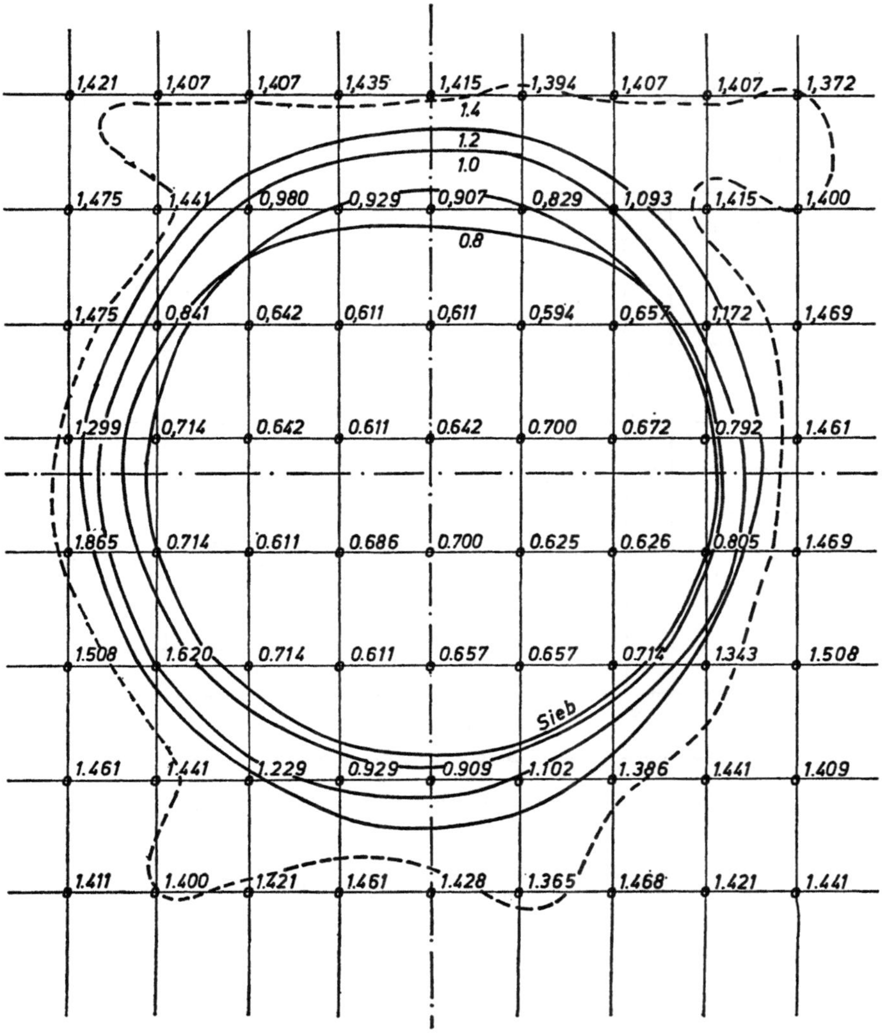

Abb. C2;2. Geschwindigkeiten in der Stromröhre lt. Tab. 1d.

gut erfüllt ist, wenn man an die dissipativen Verluste denkt, die im Versuch gegenüber der Rechnung hinzukommen. Tab. 4 macht das noch besonders deutlich (Mittel von $\eta_{\text{Nachstrom}} = 1{,}004$).

Die so gegebene Nachprüfung der hierfür bisher in der deutschen Flugwissenschaft benutzten Formel:

$$L_{\text{Aufwand}} = W \cdot \frac{v_1 + v_2}{2} = 4{,}8 \cdot \frac{1{,}484 + 0{,}860}{2} = \underline{5{,}58 \text{ mkp/sec}} \quad (1)$$

ergibt also, daß sie *nicht* zutrifft. Dagegen ergibt die von uns (*vor* den Versuchen) mitgeteilte Formel:

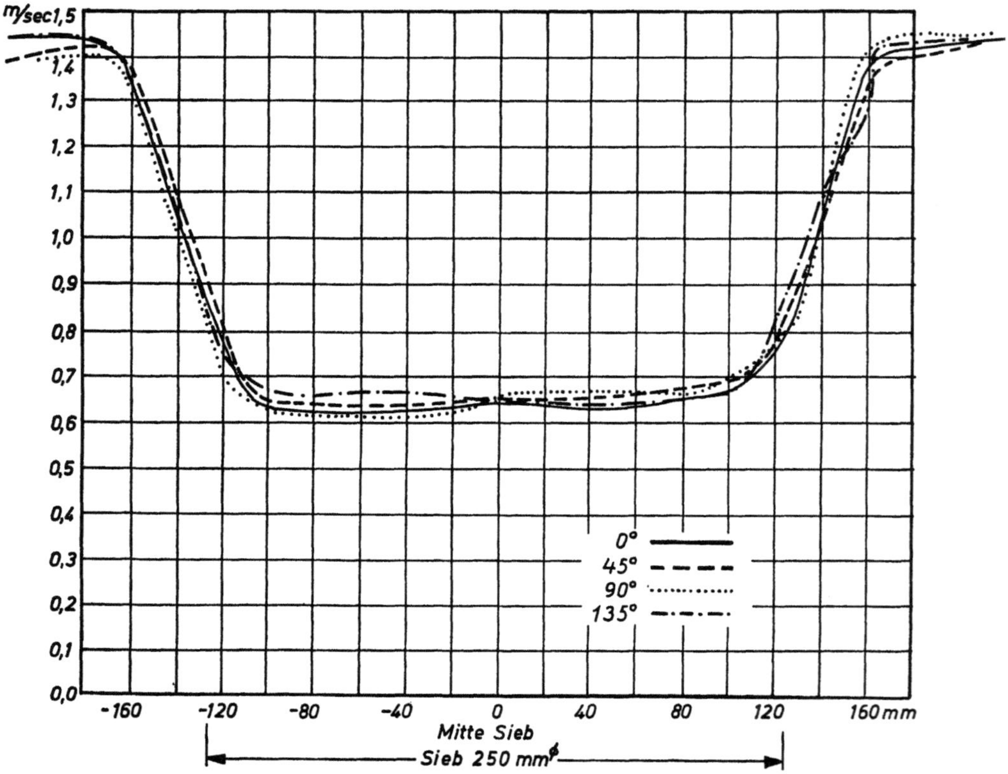

Abb. C2;3. Vier Schnitte durch die Stromröhre aus Abb. C2; 2.

$$L_{\text{Aufwand}} = W \cdot \frac{v_1 + v_2}{2} + m \cdot \frac{(v_1 - v_2)^2}{2} = W \cdot \frac{v_1 + v_2}{2} + \frac{v_1 - v_2}{2}\Big)$$

$$= \underline{7{,}12 \text{ mkp/sec}}, \tag{2}$$

trifft also recht gut die Versuchsergebnisse.

Das Wichtigste aber von allem: Die Naturgesetze haben gesprochen. Die wieder zugeführte Energie ist gleich der verbrauchten, und diejenigen, die aus weniger Energie mehr machen wollten, sind zurechtgewiesen.

Zu Abb. C2; 2 wäre noch zu sagen, daß wir auf ihr gewissermaßen in einen Napf von übereinanderliegenden Schnitten des Strahles hineinblicken. Wären alle Versuchsbedingungen und ihre Berechnungen absolut genau, so würden wir lauter um die Napfachse konzentrische Kreise erhalten. Die Ungenauigkeiten bewirken, daß das nur annähernd der Fall ist, und daß ganz außen, wo der Napfrand schon in die „Ebene“ überzugehen beginnt, die der gleichförmigen Kanalgeschwindigkeit entspricht, die Konturen der Schnitte schon große „Beulen“ aufweisen, wie die Ebene der Geschwindigkeit 1,4 m/sec zeigt.

D. Zusammenfassung und Schlußwort

Zunächst wollen wir uns den physikalischen Vorgang noch einmal so klar wie möglich vor Augen führen.

Im Nachstrom durften wir die gelieferte mechanische Leistung nur mit $S \cdot v_2$ ansetzen, da die Anströmung des Propellers nur mit v_2 erfolgt. Mehr war aber auch nicht nötig wegen der Bewegung mit $v_1 - v_2$ der Luftmasse nach vorn, da dann gegenüber dem ruhenden Medium des Außenraumes $(v_1 - v_2) + v_2 = v_1$ entstand. Somit war der Fahrleistung $S \cdot v_1$ Genüge getan.

Andererseits muß der Propeller zunächst die nach vorn eilende, vom Sieb angetriebene Masse, in der er arbeitet, stoppen, nämlich von $v_1 - v_2$ auf Null im Außenraum bringen, mit anderen Worten, den Einfluß des Siebes im fahrenden System, v_2, fortschaffen (was ein Normalpropeller nicht zu tun braucht, da er das Medium ruhend vorfindet!). Dann erst kann er es, wie ein Normalpropeller, auf v_1 beschleunigen, seinen Strahl erzeugen.

Zusammen hat er also, von v_2 ausgehend, auf $v_1 + (v_1 - v_2)$ zu beschleunigen, was:

$$S \cdot \frac{v_2 + (v_1 + v_1 - v_2)}{2}$$

an Leistung kostet, und was wir schreiben können:

$$L_{\text{erford.}} = S \cdot \left(\frac{v_1 + v_2}{2} + \frac{v_1 - v_2}{2}\right)$$

oder auch sofort:

$$L_{\text{erford.}} = S \cdot \frac{2\,v_1}{2} = S \cdot v_1.$$

Also auch ohne über die kinetische Energie der Strahlen zu gehen, können wir allein aus den Geschwindigkeiten und dem ohnehin gegebenen Schub, die erforderliche Leistung des Propellers im Nachstrom gewinnen.

Wir können es auch daran leicht erkennen: $S \cdot v_1$ *müssen* wir haben. Wir konnten aber nur $S \cdot v_2$ bekommen in der Anströmung v_2; es fehlt uns also $v_1 - v_2$ an der Geschwindigkeit, d. h. aber in Propellerebene fehlt uns: $\dfrac{v_1 - v_2}{2}$.

Wir müssen also aufwenden:

1. was wir an einem Normalpropeller in v_2 auch aufzuwenden hätten, nämlich:

$$S \cdot \frac{v_2 + v_3}{2}$$

und

2. dazu: $$S \cdot \frac{v_1 - v_2}{2},$$

und da wieder $v_3 = v_1$ ist, erhalten wir:

$$L_{\text{erford.}} = S \cdot \left(\frac{v_2 + v_1}{2} + \frac{v_1 - v_2}{2} \right).$$

Die Folgerungen daraus und ihre Formulierung kennen wir schon aus III; d.

Bei den verschiedenen Bearbeitern sahen wir eine Anzahl von Formulierungen, die bisher die meisten von ihnen auf Irrwege geführt haben.

Überwiegend rührten sie her von Auslassungen von Energiebeträgen, die zur Erfüllung physikalischer, und meist auch schon rein algebraischer Notwendigkeiten unerläßlich sind. In mehreren Fällen lagen reine Versehen vor, indem Gleichungsglieder genannt, nachher aber in den Formelaufstellungen einfach vergessen wurden. (Theorie I, Betz; Theorien II, als Folge von I; Theorie V, von Baranoff). Manchmal sind dann von späteren Bearbeitern die Formeln *einschließlich* der Versehen übernommen worden ohne Nachprüfung, ob nicht Notwendigkeiten des physikalischen Vorganges und seiner naturgesetzlichen Zusammenhänge ein anderes Ergebnis verlangten (Theorie VI und VII).

Ferner ist nur in wenigen Fällen der Bearbeiter streng „am Vorgang geblieben", wodurch das sooft vorkommende und gefürchtete „ins Leere-Rechnen" entstand.

Während schon von I, Betz, im ganzen genommen der physikalische Vorgang verstanden wurde, blieben doch Einzelheiten, aber wichtige, offen; andernfalls hätte, bei seiner strengen Selbstkritik (Bemerk. des Verf. zur Theorie I, Betz) das bereits bei Theorie III a genannte Versehen gar nicht stehenbleiben können.

Noch entscheidender für den ganzen Verlauf der Nachstrompropulsionsfrage aber war der Schluß der Betzschen Entwicklung (siehe I, Betz) mit den Worten:

„Danach *wäre* also (der zum Antrieb) verbrauchte Leistungsaufwand kleiner als der zur Fortbewegung mit v_1 nötige". Alle, bis 1964 buchstäblich alle, dem Verf. bekannt gewordenen Bearbeiter haben mitsamt der ganzen Lehre diesen Satz gelesen, und benutzt, als stünde dort: „... danach *ist* also ... kleiner als die zur Fortbewegung mit v_1 nötige". Niemand als Betz selbst hat darüber nachgedacht, daß das natürlich eine Unmöglichkeit ist. Betz selbst hat *wäre* geschrieben und damit die strenge Selbstkritik begonnen, die er danach fortgesetzt hat in den Textäußerungen, die bereits im vierten Absatz der Bemerk. des Verf. zu I, Betz wörtlich angegeben sind. Auch diese hat kein nachfolgender Bearbeiter beachtet. 36 Jahre lang ist die „Gleichung“:

$$W \cdot \left(\frac{v_1}{2} + \frac{v_1}{2}\right) = W \cdot \left(\frac{v_1}{2} + \frac{v_2}{2}\right)$$

unbedenklich als wirkliche Gleichung benutzt und zur Berechnung der Nachstrompropulsionsleistung gelehrt worden, ohne einen Gedanken dem Energiegesetz zuzuwenden.

Seit der Verf. diese kleine Schrift begann, ist er mit freundlicher Hilfe mehrerer Kollegen aus der Mathematik noch auf einen inneren Grund des langjährigen Irrtums gestoßen, wie er bereits bei I, Betz, geschildert wurde.

Fast übereinstimmend haben sie den Verf. darauf hingewiesen, daß die neuere Algebra als echte Gleichungen nur noch Identitäten anerkenne. Damit ist dann noch klarer gestellt, daß technische Gleichungen wie III a, (1), die eine an sich für den praktischen Ingenieur richtige Aussage machen, keine echten Gleichungen in diesem neuen Sinne sind, weil sie wegen des Fehlens des Verlustgliedes, der Strahlleistung, nicht den eigentlichen Identitätscharakter haben. Nun wird um so verständlicher, daß natürlich ein Fehler entstehen muß, wenn eine solche „Gleichung“ umgekehrt benutzt wird.

Die oft aufgestellte Behauptung, die elementare Axial-Impuls-Theorie ergebe einen Wirkungsgrad über Eins, trifft gar nicht zu, wenn man genau hinsieht. Hingeschrieben ist schon von Betz, daß der Verbrauch des Siebes sein W mal seiner Geschwindigkeit v sein müsse, obwohl seine erste Rechnung mit dem bekannten

$$L = W \cdot \frac{v_1 + v_2}{2}$$

endet. Nicht er und nach des Verf. Wissen keiner der späteren Bearbeiter, die die gar nicht falsche Aussage machten, es komme eine kleinere Leistung heraus, wenn man nicht

$$L = W \cdot \frac{v_1 + v_1}{2},$$

sondern

$$L = W \cdot \frac{v_1 + v_2}{2}$$

schreibe, haben sich die doch absolut notwendige Frage vorgelegt, ob die letztere Leistung denn überhaupt ausreiche, das Fahrzeug mit v_1 zu befördern. Denn diese Frage hätte jeder Mathematiker, jeder Physiker und Ingenieur natürlich verneinen müssen. Daran hat die Axialimpulstheorie nicht die geringste Schuld. Richtig angewendet, ist sie prinzipiell richtig, wenn auch ihre Annahmen nicht alle Extreme richtig wiedergeben können, und außerdem weitere dissipative Verluste zu erwarten sind.

Nach des Verf. Kenntnis ist weiterhin kaum jemals ausgesprochen worden, daß man die vektorielle Richtung der Geschwindigkeit eines Anteils an kinetischer Energie beachten muß. Der Nachstrom, $v_1 - v_2$, ist nach vorn gerichtet, im ruhenden System betrachtet; der Propellerstrahl selbstverständlich nach hinten, und eben schon Betz hat festgestellt, daß sich die beiden kinetischen Energien, da auf gleiche Massen bezogen, und in der gleichen Stromröhre befindlich, gegenseitig aufheben, womit also das Medium nach Passieren des Fahrzeuges stillsteht, wie in den meisten vorstehenden Bearbeitungen schon angegeben.

Jedoch eine eigenartige Zwischenwirkung ist dabei wohl kaum jemals klar gesehen worden:

1. Zwar wird, wie immer angenommen, die kinetische Energie des Nachstroms zur Fortbewegung mitbenutzt, es sind aber zwei Dinge oft dabei nicht beachtet worden: der Propeller soll den Gesamtwiderstand W des Siebes mit der Geschwindigkeit v_1 überwinden, wozu er $S \cdot v_1$ als Nutzleistung *liefern* müßte. Das aber kann der Propeller nach der Betzschen Regel gar nicht tun, denn mechanische Leistung mit dem Geschwindigkeitsfaktor v_1 kann ein Propeller, der in v_2 arbeitet, niemals abgeben; nur eine solche mit v_2. Hält man einen Propeller am Ort fest, so mag er 1000 kp an Kraft abgeben, aber seine mechanische Leistung ist und bleibt Null! Läßt man ihn 1 cm/sec vorrücken, soll er uns eben 10 mkp geben. Lassen wir ihm auch diese kleine Freiheit nicht, so geht seine ganze Leistung in seinen Strahl, abgesehen von den Eigenverlusten.

2. Wird das Fahrzeug nun passiv vom Nachstrom mit $v_1 - v_2$ mitgenommen, so kann durch hinzukommendes Propeller-v_2, wie früher geschildert, wirklich $v_1 - v_2 + v_2$, also v_1, an Fahrt hervorgebracht werden.

3. *Nicht* genügt es nun jedoch, daß das allerdings mit v_1 fortschreitende Fahrzeug mit seinem Propeller nur v_1 ausstößt, denn das geschieht in nach vorn strömendes $v_1 - v_2$ hinein, so daß der geschilderte Stillstand der Massen im ruhenden System nicht gewährleistet wäre. Im erreichten v_1 des Fahrzeuges steckt, wie früher gesagt, der Fremdbestandteil $v_1 - v_2$, und stieße der Propeller nur v_1 hinten aus, so liefe an seinem Platz die Strömung immerhin noch mit diesem Betrage nach vorn und stünde eben nicht still.

Erst wenn der Propeller $v_1 + (v_1 - v_2)$ erzeugt, erlischt auch der Fremdbestandteil der Strömung mit v_1, wie formelmäßig in Theorie III dargelegt.

Ihre Wichtigkeit hat bei unserem Problem wieder einmal die Erfahrung bewiesen, zunächst sich eine klare Vorstellung der Physik des zu behandelnden Vorganges zu machen, dann erst darauf die Rechnung aufzubauen und sie in ständigem Kontakt mit der Wirklichkeit des Geschehens zu Ende führen. Ferner sich niemals durch Gründe der „Vereinfachung“, der „Abkürzung“, des „Eleganzbestrebens“ der Mathematik von diesem Wege abbringen zu lassen. Das Einmaleins oder eine mühselige Iteration kann manchmal besser sein, als 10 noch so schön geglückte Integrationen, zumal uns die „Mühsal“ heute durch Rechenautomaten so weitgehend abgenommen werden kann.

Und schließlich: Niemals vergessen, die Wirklichkeit zu befragen! 3 gute Versuche können mehr Wahrheitserkenntnis bringen als 20 Rechnungen.

Batch number: 10577969

Printed by Printforce, the Netherlands